花漫
山

20世纪理
建筑学习

张钦楠 著

中国建筑学会
建筑科普丛书

晓·建筑理论
览·建筑艺术
思·建筑未来

机械工业出版社
CHINA MACHINE PRESS

本书分为欧洲、美洲、大洋洲国家的20世纪建筑，亚洲、非洲、拉丁美洲国家的20世纪建筑，21世纪的当代建筑3部分，通过30多篇文章，系统阐述了作者对世界现代建筑创作及发展的理解，及对未来建筑的展望。作者在长年学习和研究建筑的过程中，陆续记录下其有关建筑历史、建筑理论和建筑创作的学习体会，于90岁后集结成本书。全书统览20世纪世界现代建筑，以历史发展为引线，将典型建筑精品案例串联起来，进行分类与解读，让读者能够看到这些建筑精品在时间上的前因后果。全书论述深入浅出，不仅适合建筑专业读者学习，更是一本由建筑大家写给广大读者的普及书，借由本书，培育建筑欣赏的能力，如同学习诗歌、绘画一样，让生活更有情趣。

图书在版编目（CIP）数据

山花烂漫：20世纪现代建筑学习体会/张钦楠著. —北京：机械工业出版社，2022.3

ISBN 978-7-111-70259-7

Ⅰ.①山… Ⅱ.①张… Ⅲ.①建筑学—研究—世界—现代 Ⅳ.①TU

中国版本图书馆CIP数据核字（2022）第032429号

机械工业出版社（北京市百万庄大街22号 邮政编码100037）
策划编辑：赵 荣　　责任编辑：赵 荣
责任校对：韩佳欣 刘雅娜　　封面设计：鞠 杨
责任印制：张 博
北京利丰雅高长城印刷有限公司印刷

2022年6月第1版第1次印刷
148mm×210mm・5.375印张・131千字
标准书号：ISBN 978-7-111-70259-7
定价：59.00元

电话服务
客服电话：010-88361066
010-88379833
010-68326294

网络服务
机 工 官 网：www.cmpbook.com
机 工 官 博：weibo.com/cmp1952
金 书 网：www.golden-book.com
机工教育服务网：www.cmpedu.com

前言

一

1993年，在美国芝加哥召开的世界建筑师大会和国际建筑师协会（UIA）的代表大会上，中国建筑学会（ASC）以绝对多数赢得了1999年在北京举行世界建筑师大会的举办权。会后，在叶如棠理事长的主持下，ASC的理事会研究了如何办好这次世纪转换期的大会，确定组织两件有历史意义的事：一是由清华大学吴良镛教授主持，组织国内八大建筑学院联合编写《北京宪章》，为21世纪世界建筑师迎接全球化趋势提出方向；二是聘请美国哥伦比亚大学的肯尼斯·弗兰姆普敦教授为总编辑，在ASC协助下，组织编制一套20世纪世界建筑精品的文集，指定笔者代表ASC从事该文集的具体组织工作。

为此，我们请弗教授来华具体商议此事。他愉快地接受了此项任务，并邀请德国建筑博物馆馆长W.王同来。在听取我们的介绍后，他当天晚上在招待所彻夜拟写了一个编辑计划，建议出版一套10卷本的丛书，将世界分为10大区，将20世纪分为5个时段，每段20年。丛书每卷选本地区的100项建筑精品，每时段平均选20项（在保证100项的前提下，各时段的项数可略有增减）。他亲自提名10大区每卷的编辑人选，并建议该编辑再聘请5名“评论员”参与，首先是通过投票选出本地区的100项精品，再由评论员分工收集被选项目的图照，并为每个选项撰写几百字的评介文字以及参考文献。每卷编辑还要写一篇综合评介该地区20世纪建筑创作的全貌，总编辑撰写一篇5000字的全球20世纪建筑创作的综合评介。

我们当即表示赞同他的计划。中国建筑工业出版社刘慈慰社长提出由该社资助中国建筑学会聘请各卷编辑及评论员。

计划确定以后，工作就开展，其复杂及艰巨可想而知（仅为了申请对国外寄来的第3卷幻灯片免税事宜，笔者就到税务总局和北京市税务局跑了不下10次），但在各位编辑（都是大忙人）及评论员的热心支持下，整个工作还算顺利进行。但可惜的是由于工作量的巨大，丛书赶不上1999年在北京的世界建筑师大会的召开日期，到2002年才由中国建筑工业出版社以中英文本印齐，和奥地利斯普林格出版社在全世界发行。随后分别获得我国以及UIA和国际建筑评论家协会（CICA）的提名奖。CICA在评语中称它是“一项珍贵的宝藏”。弗兰姆普敦在90高寿时还来信对这套丛书的出版表示高兴。

丛书在中国建筑工业出版社的精心编辑下，其编辑和印刷都达到国际水平，但由于成本高昂（全部精装本），售价也比较高，限制了它的普及。笔者一再号召出普及本，但出版社由于客观条件的限制，难以实现。幸而生活·读书·新知三联书店考虑本丛书的学术价值，决定重新编排，于2020年以纸版封面印发中文本并更名为《20世纪世界建筑精品1000件》（10卷本），使笔者在90岁寿辰前夕能看到它的问世，诚望它能对21世纪的建筑师生、执业建筑师和建筑文化爱好者有所帮助。

二

笔者对建筑学是槛外人，对艺术更是门外汉。然而，在一生终局来临之前，却对20世纪建筑艺术做了一番浏览。

这里面有太多的美，使人流连忘返。这里面有太多的文化，令人向往不已。

本书写作过程中笔者主要参考两部书：

1.（美）K. 弗兰姆普敦写的《现代建筑——一部批判的历史》（生活 · 读书 · 新知三联书店出版）。

2.（美）K. 弗兰姆普敦主编《20世纪世界建筑精品集》（10卷本）（中国建筑工业出版社出版）。2020年，生活 · 读书 · 新知三联书店新版，更名为《20世纪世界建筑精品1000件》（10卷本）[1]。

笔者在本书中以前者为引线，把后者分散的1000项精品串联起来。让读者看到，这些精品是如何在时间上串联的，使人们看到其前因后果。

故事从维也纳开始，刚在布达佩斯和布拉格寻找欧洲封建城堡的残余之后，笔者来到了一座金球顶、洁白墙的小屋（即维也纳分离屋），知道这是建筑“现代主义”的起点。

笔者去过西班牙巴塞罗那三次，一栋栋地寻访高迪的建筑。人们说他是“卡泰隆现代主义”，然而此“现代”不同于彼“现代”，但

[1] 本书可作为《20世纪世界建筑精品1000件》（10卷本）的辅助阅读，书中涉及案例均以“丛书x-yy”的形式标明卷号和项目编号，x为卷号，yy为项目编号。

是笔者在这里又看到密斯的“德国厅”，据说这是真正的“现代”。

从维也纳的分离屋，到巴塞罗那的高迪屋和密斯的“德国厅”，笔者就这样地开始领会了建筑“现代主义”的诞生和成长。

由格罗皮乌斯和密斯等开创的“包豪斯”“货真价实”“现代主义”是什么呢？笔者的领会是：

1. 尊重理性，尊重科学、尊重几何美。

2. 重视建筑功能，“形式服从功能”（沙利文语）。

3. 尊重几何线条：直线、曲线、平面、曲面……美来自几何学。

他们被希特勒的纳粹党压制，落寞如丧家之犬。终于在美国找到了安身之地，开拓了20世纪的现代建筑学。

建筑史文献中，多把格罗皮乌斯、密斯、柯布西耶、赖特列为现代主义的四大师，笔者却觉得不够恰切。现代主义从一开始就分成两派，赖特与阿尔托的“自然派”和格、密、柯与路易斯·康的“理性派”。

这两派达到了几乎分裂的程度，但谁也不愿意分裂，他们坚守上述的三项原则，终于取得了左右世界的地位。可以说，从20世纪30年代开始，“现代主义建筑”就成为居统治地位的国际建筑风格。然而，它又是在不断受到冲击下存在和成长的。我们可以至少列出三次重大的冲击。

第一次是20世纪30年代发生在CIAM（国际现代建筑协会）内部的斗争。柯布西耶领导的“国际派”在年轻一代的“地域精神”的反击下败下阵来，却由格罗皮乌斯和密斯在美国扎下了根（见本书第九至十节）。

第二次是20世纪70年代从美国开始又在欧洲蔓延的后现代主义浪潮（见本书第十一至十三节）。

第三次是在20世纪90年代在现代派内部成长起来的冲击（见本书第十八至廿节）。

经过这三次冲击，加上它在向“东方”扩展时受到的阻力，到21世纪“现代主义”已经和其初期面目全非了（笔者称之为“近现代主义”）[㊀]。我们生活在21世纪的人，应当懂得它在前一世纪的成长过程，才能正确地把握本世纪的前进方向，少走弯路。

21世纪才过去20年，全球各国都涌现出一批创新作品，被称为“当代建筑”（Contemporary Architecture）。但由于时间关系，到目前为止，在创作理论上主要是延续20世纪的经验，还没有看到在理论上有很突出、很系统的新飞跃，但仍可以看到一些碎片式的发展，相信不久将会出现新的、质的跃进。

历史是过去的积累，创新是传统的消化。不了解历史和传统，就谈不上创新和前进。

张钦楠　2020年9月初稿

2021年8月修改

㊀ 这是笔者对Late Modernism 的译法。当今很多出版物把它译为“晚期现代主义”，笔者认为是个误译，因为70来岁的现代主义虽然老些，但仍然生气勃勃。英语的late，既可译为“晚期”，也可译为“近期”，故用后者。

目录

第一部分

欧洲、美洲、大洋洲国家的20世纪建筑

构成主义时期

一　与什么分离？——“新艺术”（Art Nouveau）和维也纳分离派（The Vienna Secession，1890—1910）

维也纳分离派是在1897年由以G.克利姆特（Gustav Klimt，1862—1918）为首的一些画家、雕塑家和建筑师的群体为反对保守的奥地利艺术家联盟（Association of Austrian Artists）而宣布脱离，自组的分离派组织。此前，柏林和慕尼黑已成立了类似组织。克利姆特为首届会长。

克利姆特早期是一位成功的建筑装饰画家，但后来逐渐因个人风格的演变而成为一名有争议的艺术家。1900年他接受维也纳大学的委托，为学校的大厅天花做三张分别名为哲学、医药、司法的巨幅画，展出后引起极大争议，被批评为“淫秽”而被收藏（埋没）。从此后，他不再接受公共委托，而致力于个人画作，被称为其“黄金时代”。他为分离派建造的展厅贡献了自己的名作贝多芬壁画。其典型艺术作品为油画《女性的三个阶段》（1905），收藏于罗马国立现代美术馆（图1-1）。

图1-1　克利姆特：油画《女性的三个阶段》

维也纳分离派属于新艺术运动的一个支流。新艺术运动是19世纪末兴起在欧美绘画、设计及哲学等领域的创作运动，旨在把大生产与手工作业结合起来，创造一种不对称、动态的美术形式 。新艺术运动流行于1890—1910年间，是对19世纪学院艺术的反对，倾向于模仿自然形体和结构，尤其是动植物的曲线形体。

新艺术运动在各个国家有不同的名称：在奥地利、捷克、匈牙利、波兰、斯洛伐克是分离（Secession），在西班牙是卡泰隆现代主义（Catalan Modernism），在丹麦、德国、挪威、瑞典是青年风格（Jugenstil），在意大利是新艺术（Art Nouveau），在乌克兰和俄国是现代（Modern）。它覆盖整个艺术领域，包括建筑、绘画、室内装饰、珠宝、家具、织物、陶瓷、玻璃及金属作物等。

到1910年左右，它让位于更激进的流派。

在我看来，真正代表维也纳分离派的建筑作品是位于维也纳市中心的一座小屋。名为维也纳分离屋（Secession House，Vienna，图1-2）。

2008年7月维也纳的一个阴蒙蒙的早晨，我在环形大道上寻找向往已久的“分离派建筑”（Secession Building）。忽然，我看到了在一群各自带有不同程度古典色彩的大厦之间，这座头顶金色圆球、一身洁白的小殿堂，就像在一群彪形大汉之间的一位亭亭玉立的、身着白色纱裙的金发小姑娘，令人耳目一新。这就是我在寻找的对象。

这座建成于1898年的用于展览19世纪末和20世纪初欧洲涌现的新艺术作品的小建筑，当时在维也纳掀起了一股批评的热潮：有人称之为“仓库”“温室”甚至“公厕”，就像40年前维也纳的国家歌剧院建成时，由国王带头对设计进行攻击，乃至它的两位建筑师一个自杀，一个疯狂。这次，建筑师顶住了，他们正是要提出挑战，而时间站在他们一边，未几何时，这栋建筑就被维也纳人视为珍宝，一百多年来屹立于环形大道上，默默地对那些风行一时的仿古建筑提出反批评。

图1-2　奥别列奇：维也纳分离屋

我走近了它，时间还早，没有到开放时间，给我以机会环行一周，观看它的四个立面和室外雕塑。雕塑是古罗马的战将马克·安东尼和他驾驶的狮子战车。安东尼的大名流传很广，特别是莎翁笔下他与埃及艳后克娄奥巴特拉的爱情史，更被后人宣扬得沸沸扬扬，其实他在凯撒被刺后领兵抗击刺杀者，立下了战功，后来被屋大维打败，“败则为寇”。后人对他同情者甚多。雕塑家名叫A. 斯莱塞，此处的雕塑所指何意，我就不知道了，但如果允许我乱想的话，我则要为安东尼“翻案”。在莎翁笔下他是个好色之徒，迷恋于埃及女皇的美容而不拔。其实我们可以说他的政治纲领是罗马与埃及两大帝国的平等崛起，而屋大维的则是完全征服埃及。

球顶底下的建筑物是几何型立方体，洁白的表面，壁上的装饰是线条型的花卉、头像和文字。在球体下的正立面上刻有金色的两行文字（曾被抹去，后又恢复），写道：

“给每个时代自己的艺术
给艺术以自由”

这可以说是分离派的纲领。

在正门的侧边，有三个蛇发女妖的头像，分别代表建筑、雕塑与绘画，这正是分离派要向旧世界进攻的三个战场。在侧立面上，用简单的线条描绘了生长中的树木，表述了新艺术将要破土而出。

进入室内，则是顶部采光的展厅，这里每隔一段时间要举行一次艺术展览，展示当地和欧洲其他地方的新艺术作品。

值得注意的是在地下室的墙上有永久性的壁画。这就是克利姆特在1902年为纪念贝多芬所作的长达34米的讲述贝多芬《第九交响曲》故事的长画。

这栋建筑是集体的作品，主要建筑师是约瑟夫·玛利亚·奥别列奇（Albrich），建成于1897年。

维也纳分离派中的三名主要建筑师为：约瑟夫·霍夫曼，J.M.奥别列奇，奥托·瓦格纳。他们的作品倾向用白墙代替传统的柱式，并由绘画家在墙面上用“鳗鱼风格”的线条作为装饰。其中瓦格纳倾向更为简洁的风格，因而被视为现代主义的先驱。

图1-3 瓦格纳：奥地利邮政银行大楼

奥托·瓦格纳（Otto Koloman Wagner，1841—1918）曾为维也纳做过城市规划，但未被采用，仅建成了市内的卡尔广场车站（1899）。他的代表作品有奥地利邮政银行大楼（1904—1906，图1-3，丛书3-8）[㊀]以及马越里卡自宅（1898前后）等。他1895年出版的《现代建筑——一部批判的历史》，第4版一书中提出“人类面临的新任务及新观点要求对现有建筑形式进行更改和重建”。无怪乎弗兰姆普敦把他们的作品称为“神圣的源泉”。

图1-4 奥别列奇：路德维希住宅

J.M.奥别列奇（Albrich，1867—1908）是维也纳分离派创始人之一，是瓦格纳的学生。他设计了该组织的展览建筑维也纳分离屋（图1-2），并在赫塞大公爵路德维希创办的达姆斯塔特艺术家园地中设计了很多建筑，包括路德维希住

图1-5 霍夫曼：斯托克莱特宫

㊀《20世纪世界建筑精品1000件》（第3卷 北中西欧洲），第8项。后同，见前言中的注释说明。

宅（图1-4，丛书3-4）。

约瑟夫·霍夫曼（Josef Hoffmann，1870—1956）也是维也纳分离派组织的创始人之一，曾是瓦格纳的助手。他的风格更趋向冷静与抽象，其代表作品有维也纳郊外的普克斯多夫疗养院，对柯布西耶的早期作品起了启发作用。他在1905—1911年应银行家斯托克莱特之委托，在比利时布鲁塞尔建造了著名的斯托克莱特宫，成为分离派的历史代表作（图1-5，丛书3-11）。

新艺术运动与英国没有直接关系，但是有人却认为由威廉·莫里斯（Wiliam Morris）倡导的工艺美术运动和他与菲利普·韦伯（P. Webb）设计的自宅“红屋”是这个运动的“根”。它是当时英国中产阶级爱在城郊建造的一种“花景（floral）”式的红砖砌筑的村屋（图1-6）。

图1-6　莫里斯：红屋

欧洲新艺术运动在理论上深受法国维奥雷·勒·杜（Violett-le-Duc）所著的《论建筑》一书（1872）的影响。他写道：“请运用我们时代赋予我们的手段与知识，而不要受那些今日已不起作用的传统的干预。这样我们才能创造一种新的建筑美学功能及其材料，而每种材料有其相应的形式与装饰……”。在他的影响下，涌现了像L.沙利文、V. 奥塔、H.吉马尔和A·高迪这样的建筑师。

图1-7　奥塔：塔塞尔公馆

比利时：V.奥塔（Victor Horta）设计了第一栋新艺术运动建筑：塔塞尔公馆（Tassel）（图1-7）。这是一位富裕的化学家的府邸，建造在一块狭窄的场地上，其室内中心设一座靠屋顶天窗采光的回转式曲线型楼梯。树干形的钢柱支撑着楼板，上铺以有花卉和植物图案的马赛克瓷砖（成为新艺术运动的一种标志）。所有内部装饰、家具、地毯、建筑细部都是建筑师一人设计的。它影响了前来访问的法国建筑师H. 吉马尔（Hector Guimard），以及奥塔人民之家的设计（丛书3-2）。

图1-8 吉马尔：巴黎地铁站入口

法国：吉马尔在奥塔的影响下，1895—1896年在巴黎设计了贝伦格堡，该建筑以其崭新的形式和鲜艳的色彩受到欢迎，并使吉马尔获得了设计所有巴黎新地铁站入口的委托。入口建成后受到前来参观1900年世博会的百万观众的热烈赞赏，被保存到现今（图1-8，丛书4-3）。

德国：在俾斯麦执政时，德国工业得到大力发展，但产品质量不高。人们产生了强烈要求给工业产品赋予更高的使用和文化价值的愿望。德国新艺术运动的艺术家称为“青年风格”（Jugenstil）派做出了贡献，但其主要成就在产品（包括建筑装饰产品）上。在建筑设计上，起革新作用的是P.贝伦斯，特别是他为AEG透平厂设计的厂房建筑（图1-9，丛书3-12）。建筑用钢

图1-9 贝伦斯：AEG透平厂的厂房建筑

材作支撑，但是在四角设置了厚实的角柱，象征了工业对社会的支柱作用。贝伦斯的设计对后来的包豪斯起了重要的启示作用。贝伦斯在因工作去维也纳的短促时间中，参加过维也纳分离派的组织，所以应当算是新艺术运动的一员。

新艺术运动在北欧也很踊跃，一般也称为“青年风格”，最突出的是建筑师大沙里宁（E. Saarinen）。他设计的赫尔辛基火车站用的是简单的建筑语言，各部位的配合十分协调，给人以一种优美平静的感觉（图1-10，丛书3-9），对急急忙忙来去的旅客，就像在说：“别急别急，有的是时间”。笔者在1990年代去过，留下了难忘的印象。

就像斯托克莱特宫是维也纳分离派的代表一样，赫尔辛基火车站是新艺术运动的一个历史代表。它好像在向我们说：“再见，一路顺风”。20世纪初的新艺术运动在与已经僵化的旧传统分离之后，也很快被更激进的流派所取代（见以下三节）。

图1-10　大沙里宁：赫尔辛基火车站

二　要表现什么？——达利、高迪与表现主义（Expressionism，1910—）

1. 达利的画

大约是1998年，笔者在巴塞罗那参加国际建筑师协会（UIA）的一次工作会议。会议期间，安排与会者参观当时正在米拉公寓（高迪设计）中展出的达利画展。笔者在参观中惊奇地发现达利与高迪的艺术同性，他们总是在试图表现一种神秘的力量。我不禁要问：他们想表现什么？

19世纪末兴起的新艺术运动主张与旧的建筑传统“分离”，有破有立。他们要破的是旧的古典主义传统，那么，他们想“立”的又是什么呢？笔者觉得达利与高迪总是试图用一种超越现实的手法表达一种情感，这是“立”的一种。

萨瓦多·达利（Salvador Dali，1904—1989）的画作很多，笔者能记住的只是一幅，也就是他最著名的一幅：The Persistence of Memory（1931），一般的译名是《记忆的永恒》，当然不错，但总觉得意犹未尽，或可译为《记忆的锲而不舍》（图2-1）。这幅画给笔者的第一印象是“海枯石烂，记忆常在”，然而又感到没有穷竭，它又使笔者联想到爱因斯坦的相对论，想到时间的超限。这是一幅可以永远猜测的作品。

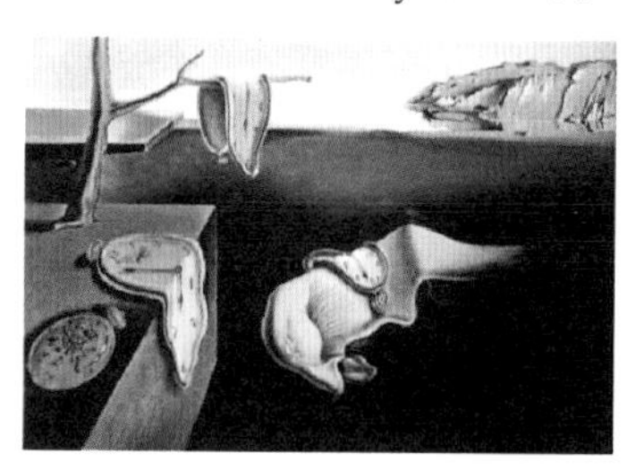
图2-1　达利：《记忆的永恒》，1931

很少有人知道，在20年后，达利又画了一幅名为《永恒记忆的分解（瓦解）》（The Disintegration of the Persistence of Memory）的画。画的意思似乎是海未枯，石未烂，记忆却消逝了（图2-2）。

图2-2　达利：《永恒记忆的分解（瓦解）》

图2-3　高迪：米拉公寓

当然，每个人可以有自己的解释。

2. 高迪

高迪（Antonio Gaudi，1852—1926）在巴塞罗那有很多设计，以致有人称巴塞罗那是“高迪的城市”。笔者去过好几个，其中印象最深的有四个：米拉公寓（图2-3，丛书4-10）、古埃尔公园（图2-4，丛书4-15）、巴特洛住宅以及圣家族大教堂。笔者对这些建筑形象的奇异性和神秘性感兴趣，觉得建筑师总在试图向我们表现一种思想或情感。表现什么？经过很久的探索，才似乎有所理解。

奇怪的是，高迪与达利可以说是同代人，都出生与成长于加泰罗尼亚专区，二人的创作手法又很相同，但文献中没有说二人有过接触。评论中也没有把他们列入当时很流行的表现主义行列。

图2-4　高迪：古埃尔公园

有意思的是：在米拉公寓的顶层，有一个小型的高迪展览。其中一个模型对笔者启示极大：那是一根笔直水平的轴竿，沿它的长度有许多垂直插入的细竿。模型告诉我们把这些细竿相继地沿轴竿移动时转动一个角度，就会形成像米拉公寓屋顶那样的起伏（图2-5，丛书4-10）。这个模型启示我们：看似非理性的东西，实质上是可以理性解释的。

图2-5　高迪：米粒公寓的屋顶

这个启示对笔者认识“非理性”很有帮助。笔者知道，所谓“非理性”，实际上是有内在的理性的，问题是我们未识破它。

然而，这还没有解释高迪建筑要向我们表现什么。

高迪从1863年（31岁）开始，就专心一致地投入圣家族大教堂的建造，直到他在1926年（73岁）因车祸死亡而中断，仅完成尖塔原计划的1/4弱。后人有沿着他的意图续修者，据说也要到2026 年（他去世100年）才能完成（图2-6，丛书4-17）。这几座布满宗教神话雕塑的尖塔想告诉我们什么呢？笔者一直不敢去细看这个教堂，怕陷进去拔不出来。

图2-6　高迪：圣家族大教堂

图2-7　高迪：古埃尔公园雕塑

笔者认为高迪想要在自己的建筑中显示当地（加泰罗尼亚）的“地方精灵”，笔者曾经把他在古埃尔公园中设计的一只“怪兽”视为他要表现的灵魂，直到一次在美国华盛顿动物园里看到一只活的蜥蜴，长得和雕塑一模一样，才知道自己猜错了（图2-7）。

图2-8　巴塞罗那城外的“圣山”：蒙特塞拉山

直到后来偶然看到巴塞罗那城外蒙特塞拉山的照片（图2-8，这座山以其带锯齿的山形和奇峰著名，据说耶稣用过的圣杯就存放在此山之中）后，才悟到米拉公寓的起伏屋顶和波浪式的外立面、巴特洛住宅的“溶融山岩”式的外墙面（图2-9）、圣家族大教堂的尖顶和无数宗教神话雕塑等就是高迪要表现的那种加泰罗尼亚桀骜不驯的民族和地域精神。

图2-9　高迪：巴特洛住宅

一般建筑史学家都把高迪所代表的西班牙“现代主义”（modernism，1888—1911）列为新艺术运动的一个民族分支，与后来兴起的CIAM现代主义以及表现主义（1910—）流派区别。其实，没有一种强烈的民族感情的表现欲望，也就没有高迪和他的建筑。

3. 玻璃链

被评论家正式承认的建筑表现主义属于1910—1925年由布鲁诺·陶特（Bruno Taut）在德国组织的“玻璃链”。

开端是陶特设计的玻璃馆，建于1914年在德国科隆举办的展览。它以当时陶特与诗人P.Scheebart推崇的玻璃建筑与古老的砖建筑对抗，认为前者将把整个文化提升到新的水准。这个馆用全玻璃的尖顶，墙体也是玻璃的。进入馆内，在两侧踏步的中心轴有一瀑布水流至中心水池。这栋建筑被认为是表现主义的一个代表（图2-10，《现代建筑——一部批判的历史》，第4版，123页）。在第一次世界大战后的1918年，陶特组织了一个有50名艺术家参加的艺术工作室。1919年德国斯巴达克团起义失败后，工作室也无形解散，陶特又用通讯方式组织了一个“玻璃链”。他始终期望以自己的玻璃馆作为“城市皇冠”。

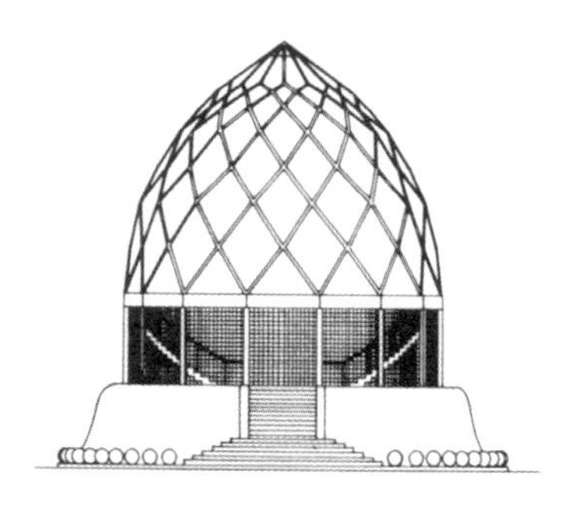

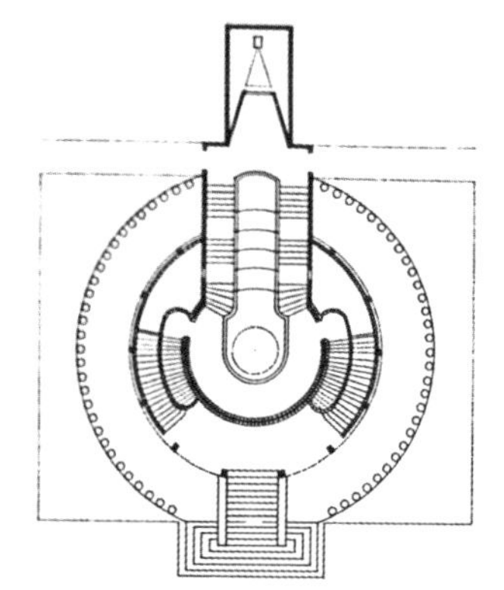

图2-10　陶特：玻璃馆

第一次世界大战之后，陶特试图重建他的玻璃链，他与贝恩联合组织了一个艺术工作委员会，宣扬“整体艺术”（total work of art）要与民众结合，有E.门德尔松（Eric Mendeisohn）等6名建筑师参加。他本人于1921年被魏玛共和国政府任命为哥德堡市的城市建筑

图2-11 门德尔松：马蹄形住宅

师，从事公众住宅建设，比较有名的是他建造的马蹄形住宅（Hufeisen Settlemeny）（图2-11，丛书3-26）。

表现主义的旗帜为门德尔松所高举，他与荷兰表现主义派合作进行创作。最著名的作品是1919—1921年建造的爱因斯坦塔楼，实际上是一座天文馆（图2-12，丛书3-21），成为表现主义建筑的一个代表作。其后，表现主义风格在德国和荷兰部分城市的住宅、商店、工农庄设计中都有所表露，直至纳粹党上台。

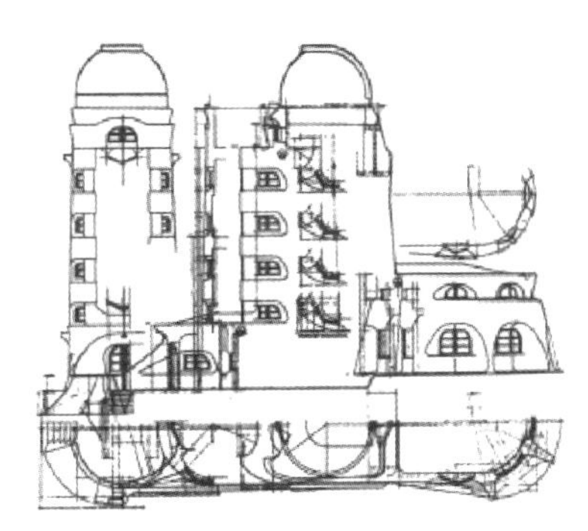

图2-12 门德尔松：爱因斯坦塔楼

三　艺术要走上大街——俄罗斯构成派
（Constructivism，1920—1949）

俄国十月革命一声炮响，震撼了整个世界。

诗人V.V. 马雅可夫斯基（1893—1930）以高昂的激情欢呼革命的驾临。他号召艺术家们组织“鼓动宣传队（agitprop）”走向街头。他写道：

“我就是革命……用我声音的全力像雷声那样地震撼世界”。

一时，大批宣传画、标语牌贴满了街头商铺、火车车皮、公园路标等各个角落。在这些宣传品中，最杰出的就是塔特林的“第三国际纪念塔”的模型。设计者原意图是建设一座高达400多米的纪念塔，显然在当时条件下是不可能的，即使是这个模型也给人带来震撼。直至今日，在西方各种建筑史籍中，都要刊载其照片或图形，说明其时代意义（图3-1，丛书7-13）。

塔特林解释自己的作品时说：“对材料、体积及构造的研究使我们得以在1918年，将铁和玻璃这样的材料与艺术形式结合起来，使这种现代古典主义的材料，可以与古代大理石的严肃性相比。……这样，就出现了一种可能性，将纯艺术形式与实用意图统一起来。”

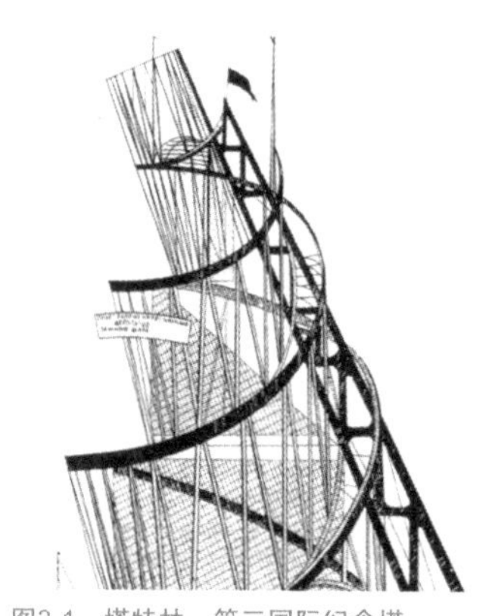

图3-1　塔特林：第三国际纪念塔

弗兰姆普敦在分析此塔时，指出“塔特林的塔预示了俄国先锋建筑师的两种不同的走向……一是以建筑师N.A.拉多夫斯基为首的的结构主义或形式主义流派，他们试图基于人性知觉产出一种可塑形式的全新句法；另一是以M.金斯堡为领导的更为物质性和纲领性的途径。”

在十月革命后初期苏联的艺术和建筑界的发展是十分踊跃也十分混乱的，我们或许可以以弗兰姆普顿指出的两个走向引伸：

第一个走向偏重于艺术。它是从马勒维奇的至上主义（suprematism）为起点，由埃·李西斯基引申到建筑领域（包括下面所说的拉多夫斯基的结构主义，或叫形式主义）。

另一个走向偏重于现实生活，特别是住宅与城市发展。

图3-2　马勒维奇：至上主义的画

1. 至上主义

至上主义（suprematism）是由俄罗斯艺术家K.马勒维奇（Kazimir Malevich）于1915年的一次画展（有13名艺术家参展）上正式宣布的。他的画是一些几何形式（圆、方、线、矩形）的拼成，用少数颜色表现（图3-2）。

至上主义是一种抽象艺术，旨在表示“纯艺术感应驾于物体视觉描述之上”。至上主义派是反唯物论、反功能性的。马勒维奇说：

“艺术不再关怀国家与政治，它不再希望作为礼仪史的阐述者，不再愿意与物体发生关系，因此，它相信自己能在自身中存在并为自己服务，不需要任何‘东西’（即所谓“经时间考验过的生命喷泉”）参与”。它与构成主义是对立的。

十月革命后，马勒维奇隐居在一个小地方，不参与政治斗争。斯大林也没有触动他。

英国著名女建筑师扎哈·哈迪德（Zaha Hadid）对至上主义极为赞赏。她成名后就帮助瑞士苏黎世一家商业性展览馆Gmurzynska画廊在2010年举办了一次名为“扎哈·哈迪德与至上主义（Zaha Hadid and Suprematism）”的专题展览（图3-3）。

“2011年3月29日，由扎哈·哈迪德策划的展览，彻底改观了苏黎世Gmurzynska画廊的空间性，其设计与俄罗斯前卫派的代表作不分伯仲。扎哈·哈迪德与至上主义这项有历史意义的展览将展示普利茨克奖获得者扎哈·哈迪德受俄国先锋派影响形成的创作风格。在古老的帕拉德广场，环抱苏黎世Gmurzynska画廊，扎哈在这里展示了她全新，独特，充满变化的设计。这次展览也一并把扎哈有代表性的作品和Gmurzynska画廊收集的俄国先锋派的传奇作品共同展示。扎哈挑选的俄国先锋派的作品不乏……”（引自Martin Ruestchi，刘胜杰文）。

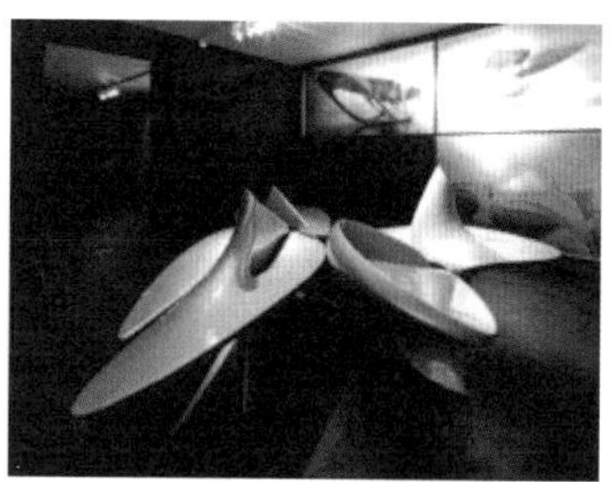

图3-3 《扎哈·哈迪德与至上主义》展览

把马勒维奇的艺术介入到建筑设计中的是埃·李西斯基（El Lissitsky），他本人也是一名至上主义画家，同时又做过一些建筑设计。其中有一个印刷厂，用至上派标志——黑圆——作窗。他又提出proun的概念（据说是一个封闭的房间，但不见其实物）。他帮助马勒维奇与德国艺术家建立了交流关系，办过画展（图3-4）。

2. 构成主义

构成主义是指由一块块金属、玻璃、木块、纸板或塑料组构结合成的雕塑。强调的是空间中的势（movement），而不是传统雕塑着重的体积量感。构成主义接受了立体派的拼裱和浮雕技法，由传统雕塑的加和减，变成组构和结合。同时也吸收了绝对主义的几何抽象理念，甚至运用到悬挂物和浮雕构成物，对现代雕塑有决定性影响。

构成主义在建筑中的运用主要发生在俄国十月革命后，很快成为一个独立的流派。它有很为深刻悠久的影响。

КЛИНОМ
БЕЙ
БЕЛЫХ

图3-4 李西斯基的作品

构成主义的代表作品（一）

构成主义把建筑材料以及所有附加件（如标志牌、广告牌、钟、扩音器、甚至是室内电梯）“都视为在总体设计和统一性中具有同等价值的部件。这就是构成主义的美学观”（李西斯基《俄罗斯：世界革命贡献的建筑》，1930），这种做法突出地表现在维思宁兄弟设计的真理报大厦中，莫斯科，1923年（图3-5，《现代建筑——一部批判的历史》，第4版，189页）。

图3-5 维思宁兄弟：真理报大厦

构成主义的另一个代表作是康斯坦丁·梅尔尼可夫于1925年为巴黎国际装饰展设计的苏联馆（图3-6，丛书7-16）。这里使用的是木结构（用新技术构筑），透明的塔楼犹如一面标杆，展厅是矩形平面，用斜角木楼梯切分为每层两个三角形展出空间。全部用木和玻璃的普通材料构成。

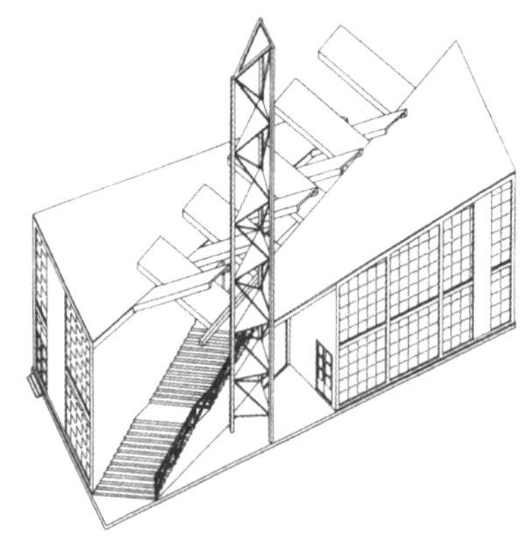

图3-6 梅尔尼可夫：巴黎国际装饰展苏联馆

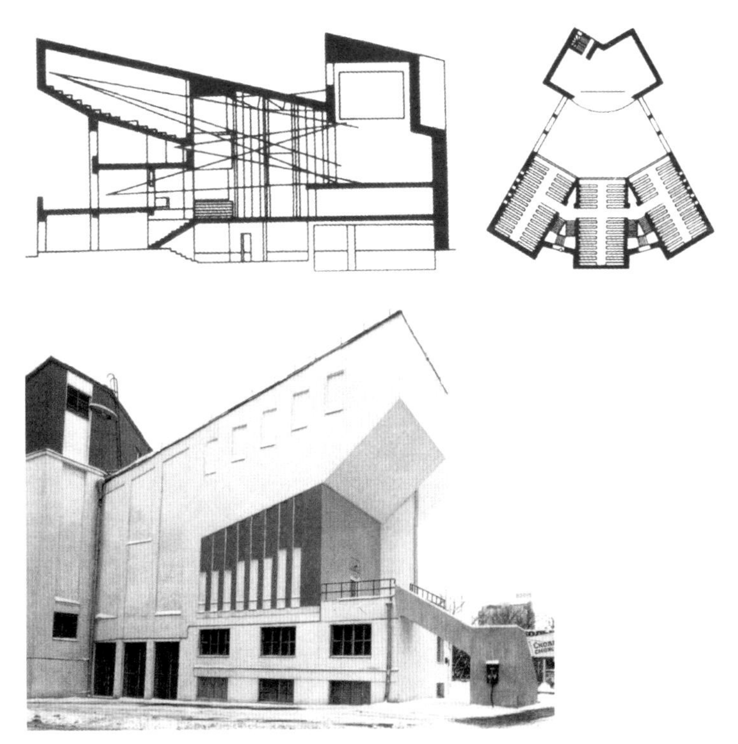

图3-7　梅尔尼可夫：鲁萨可夫俱乐部

在1927年的鲁萨可夫俱乐部中，梅尔尼可夫将三个礼堂做成梯形剖面的构成件（他称这些块件为“社会容器”），半插入、半悬空地附加在建筑上（图3-7，丛书7-21）。

图3-8　辛姆皮切夫·拉多夫斯基：悬挂餐厅

但也有做的过度，脱离了经济条件的，如辛姆皮切夫·拉多夫斯基的“悬挂餐厅”的设计方案，未建（图3-8，《现代建筑——一部批判的历史》，第4版，187页）。

构成主义代表作（二）

构成主义建筑因列宁的新经济政策（1921—1924）造成的经济振兴而得以建成。构成主义的建筑师大部分归属于以建筑师N.拉多夫斯基为首的莫斯科高等艺术和技术学院（Vkhutemas），该学院为苏联培养了几代的优秀建筑师。在新经济政策时代，他们做出了一些创新的建筑设计。如：

图3-9　戈洛索夫：朱耶夫工人俱乐部

И.戈洛索夫，1929年在朱耶夫工人俱乐部中用玻璃圆筒和混凝土板块交替叠合的手法取得效果（图3-9，丛书7-23）。

Г.巴尔金兄弟，1927年设计的《消息报》报馆比较“正规”，但采用较多的玻璃窗以象征消息的透明度（图3-10丛书7-17）。

3-10　巴尔金兄弟：《消息报》报馆

A.舒舍夫在列宁逝世后先用临时木结构修筑了一个形体肃穆但简洁的临时墓，以后又保留这种形象建成正式的墓，至今仍保留在莫斯科红场（图3-11，丛书7-29）。

列宁去世后，斯大林全面执政，开始实施五年计划。斯大林对构成主义艺术观是否定的，他提出“社会主义现实主义风格”及“民族形式”，构成主义也随着列宁墓进入历史。

图3-11　舒舍夫：列宁墓

3. 住宅设计和城市建设中的构成主义

这就是弗兰姆普敦所说的第二个走向。在以拉多夫斯基为代表的Vkhumetas派的构成主义建筑师者的创作中，对形式的关怀是主要的，功能有时要让位于形式的需要。另一个走向以M.Y.金斯堡（1892—1946）为代表，他们更关心于社会需要，特别是住宅建设与城市发展。他创办了OSA（当代建筑师组织），与马雅可夫斯基有紧密联系。他在1924年出版的《风格与时代》一书相当于对构成主义的宣战书，同时提倡先进技术与社会主义思想结合。OSA致力于探讨公共住宅的形式，以适应共产主义的生活方式。如1927年拉文斯基等设计的有中央走道的集合住宅，及1928年苏联建筑经济委员会的配有可卸的活动厨房（图3-12，《现代建筑——一部批判的历史》，第4版，190页）。

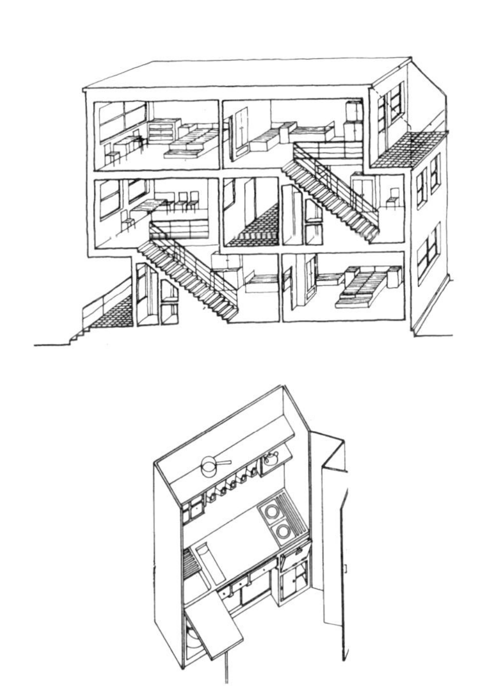

图3-12　OSA的公共住宅形式

当时出现有的方案过于激进，包括取消家庭厨房。金斯堡反对这种做法，他提出：

“我们不可能强迫某一住宅的住户们过集体生活。我们这样做过，取得了负面的效果。我们应当在不同的地区试验一种逐步过渡到集体生活的方法。这就是为什么我们要使各个单元相互分隔，设计一种最小面积的厨房标准，当实行集体食堂供餐后可以拆卸。我们要做的是鼓励而不是专制。”

他们对梅尼可夫和戈洛索夫的设计提出尖锐的批评。

与此同时，苏联对城市发展的方向进行了剧烈的辩论，有主张使尝试更密集和主张疏散城市的两派。金斯堡的学生列昂尼道夫为苏联新城市马格尼托斯克的建设提出了一个方案，用长达20英里（32公里）的道路，把工业区夹在两条支路中间（图3-13，《现代建筑——一部批判的历史》，第4版，193页）。

与Vkhutemas一样，OSA 在列宁逝世后也退出了历史舞台。

图3-13　列昂尼道夫的城市扩张方案

四　抽象化的尝试——荷兰的风格派（De Stijl）（1917—1931）

风格派是荷兰在1917—1931年间成立的一个艺术流派。他们寻求纯抽象的艺术形式，把视觉组成简化到最原始的程度，只承认垂直与水平线，只使用黑白和最原始的颜色。

其主要成员有：凡·杜斯堡（Theo van Doesburg），皮特·蒙德里安（Piet Mondrian），胡萨尔（Vilmos Huszár），列克（Bart van der Leck），以及建筑师里特维尔德（Gerrit Rietveld），霍夫（Robert van' t Hoff），欧德（J. J. P. Oud）等。

以凡·杜斯堡为主编，出版了名为《风格》（*De Stijl*）的艺术刊物，流派也以此为名。

俄罗斯的李西斯基与他们有过联系，但没有结盟。

图4-1　里特维尔德：红/蓝座椅

1. 风格派的作品——红/蓝座椅（Red and Blue Chair）

积极参与其活动的建筑师是里特维尔德，他同时也是一位家具设计师。1917年他设计的红 / 蓝座椅轰动一时。他用极其普通的材料靠形态和色彩取得了罕有的效果，有点类似俄罗斯“鼓动宣传队”（agitprop）的作品（图4-1）。

2. 按风格派原理设计并建成的唯一建筑

1923年，凡·杜斯堡与青年建筑师van Easteren在巴黎的一次展览中把里特维尔德设计的一栋“由平面组成的三维旋转性房屋”抽象化为一组由悬空平板组成的模型，显示了风格派的建筑观。

之后一年，里特维尔德以此种构思在荷兰乌得勒设计建造了施罗德住宅（The Rietveld Schröder House）。整个建筑用垂直和水平的板块组成，并赋予一种旋转空间的感受。这是体现风格派思想最典型的作品（图4-2，图4-3，丛书3-24）。

图4-2　里特维尔德：施罗德住宅内部

图4-3　里特维尔德：施罗德住宅

现代主义时期

五　保护自然——美国F.赖特与芬兰A. 阿尔托的“有机性”（Organic）

20世纪的“西方”建筑，从新艺术运动开端，其主要特征就是与旧的古典传统“分离”，为新的建筑风格清扫场地。于是，就先后出现了让“情感进入建筑”的表现主义、“建筑服务于社会”的构成主义、“寻找美的起点”的抽象主义。在这些探索的基础上，“现代主义”就破土而出，登门入室。

一般都认为20世纪“西方”建筑界出现的“现代主义”（Modernism）有四位大师：赖特、格罗皮乌斯、密斯、柯布西耶。笔者在学习后，认为20世纪的“现代主义”有两大分流：一是以赖特和阿尔托为代表的，主张在亲近自然，保护自然（草原特色）的前提下实现现代化，也就是建筑创作中的“有机性”；另一是以格罗皮乌斯、密斯、柯布西耶，或许再加上路易斯·康为代表，主张发展城市、重视城市文化（甚至牺牲自然），也就是建筑创作中的“科学性”。要研究“西方”的现代主义，必须承认这两大分流的存在。

本节将着重介绍“有机性”的现代主义。什么是“有机性”？我认为最佳的解释是B. 泽维在他的《走向有机建筑》一书中所说的：

“当房间、房屋和城市是为人的快乐（物质的、心理的和精神的）而布置时，它就是有机的。因此，有机性是以社会观念而不是形态观念为基础的。只有当建筑是人性（超乎人道性的）时，才能称它为有机的。”

“有机建筑师集中注意结构，不是从技术的角度，而在意人的活动的综合，以及使用该建筑的人的感受。”

弗兰姆普敦列举了20世纪有机建筑文化发展的三条线：首先是美国的赖特；随即是德国表现主义后期的汉斯·夏隆与雨果·哈林；最后是芬兰的阿尔瓦·阿尔托。

1. 美国：弗兰克·劳埃德·赖特（Frank Lloyd Wright，1867—1929）

从1893年的温斯洛住宅开始，赖特就致力于建立和完善他的“草原风格”。他写道：“草原有它自己的美，我们应当认识并强化这种自然的美”。为此，他努力创造一种平静和水平的宅所，用悬挑的低坡屋顶，两垛厚实的墙体夹着室内开放的平面（以火炉为中心）以及分隔的私人花园。1908—1909年建成的芝加哥大学校园内的罗比住宅达到了这种风格的完美境界（图5-1，《现代建筑——一部批判的历史》，第4版，58页）。

1930年代是赖特最旺盛的创作时期，人们列举他在这一时期的四大成就：

图5-1　赖特：芝加哥罗比住宅

图5-2　赖特：落水别墅

第一，是1936年在宾州熊跑建造的考夫曼住宅——落水别墅，被称赞为“世上最美的建筑”（图5-2，丛书1-36）。在这里，建筑与自然完全融合为一体，水平的混凝土平台奇迹般地漂浮在小瀑布上。尽管有横向玻璃窗的阻挡，自然仍然从各个角度透入。粗实墙体给人以一种穴居的感觉，室内楼梯把人带到下面的水边。尽管如此，他还是把混凝土板视为“低质材料”，甚至想用金箔覆盖它（后被户主劝阻）。

图5-3　赖特：亚利桑那州西塔里埃森住宅

第二，是1937年建造于亚利桑那州的西塔里埃森，这是他的冬季居所，同时成为他的工作室及基金会的总部（图5-3，《赖特与凡德罗》，92页）。

P.布拉克对它的描述是：“‘塔里辛的一瞥是世界的边缘……庄严壮阔——非笔墨所能形容’。赖特曾作如上记述。在这种优美的环境中，在他认为是美国最后的边缘上，建造起他称之为‘沙漠混凝土’的建筑物——水泥与大石块，一齐浇灌入倾斜的垒墙内——上面以红木和帆布等搭建。光能透过帆布，使屋内充溢着可爱的红泛光；就在悬臂深嵌的屋顶角椽之下，有可供眺望之隙缝，开拓了佳妙的沙漠地平线，就在……胸墙基脚周围，就有一阶梯往下沉的草地、水池、庭园等，使整堆的建筑物成为这荒漠中似梦幻境界的清晰的分界，赖特把这个角落打破，而代之以柔和圆滑的转变。事实上，这建筑已完全没有偶角了。每一处空间流转交替不息，优美而自然，任何地方看不到有一点点踌躇不前之处。这是赖特或其他任何人从未获致的空间运动的最佳表现”。（自《赖特与凡德罗》，P.布拉克著，张春旺译，台隆书店，92页）。赖特于1959年去世，葬于此地。

第三，是当1929年美国进入经济危机时，赖特提出的“美国风”（Usonian）住宅的方案，旨在降低造价，其特征为将起居空间（包括起居、厨房、餐厅）和生活空间（卧室、书房）分开，L形平面的单元组合，地方材料的应用，混凝土地面供暖，平屋顶，天窗采光等。以罗森鲍姆住宅为例。对后来美国的住宅建设有较大影响。在这里，厨房成了中心，替代了过去的火炉。

第四，1936年开始建造的约翰逊制腊公司大楼，见后文叙述。

赖特影响下的住宅设计

赖特的“草原风格”和“美国风”住宅，不仅被美国人喜欢，在欧洲大陆（通过欧洲出版商Wasmuth于1910年出版的赖特的建筑图集《瓦斯牟什卷》的介绍）也大受赞赏，促使两位从奥地利移居美国的建筑师R.诺特拉和R.辛德勒在南加州得以用钢结构发展了他的“草原风格”，见之于诺特拉1927年在洛杉矶的罗维尔健康住宅（图5-4，丛书1-28）以及1938年同样在洛杉矶的斯瓦什摩尔公寓（独户住宅的集合，已经是第二代了），传到1943—1949年的埃姆斯住宅（个案研究项目）则是第三代了（图5-5，丛书1-45）。

图5-4　诺特拉罗维尔健康住宅

图5-5　埃姆斯住宅（个案研究项目）

直至现在，美国人喜欢的仍然是独户住宅，这在全世界走向城市集合公寓的情况下是很特殊的，导致了美国当前严重的“郊区蔓延”。

赖特的设计思想的影响在欧洲直到1950年代仍然存在，可见之于J.伍重（设计悉尼歌剧院的建筑师）在丹麦建造的金戈住宅区。这里可见到赖特在“美国风”住宅中采用的L形平面。

赖特与城市

赖特并不反对城市，但是他对城市的设想（“广亩城市”）是乌托邦型的。在这里只有少数几栋高楼。成片土地被切割为条形的个别家庭的居住与生活场所，见不到工业，也见不到花园，因为整个城市就是一个大花园。

赖特的城市是以农业为基础的，每个公民成年后可得到一亩耕地。城市的现代化表现在：（1）电气化；（2）机动流通：飞机、汽车；（3）有机建筑：体现在“美国风”住宅中（工业之集中在城外，人们用汽车去上班）。

他认为：广亩城市是到处都在又到处不在的（everywhere and nowhere），人们不必去建造它，它会自然实现而又消失的（The Disappearing City）。

赖特从1904年的拉尔金行政大楼，最后到1943年的古根海姆博物馆，其设计都有其奇特性（“创造性”），但从功能上来说，却并不是最优越的，甚至是失败的。只是几个城市教堂的设计堪称成功。

1904年的拉金行政大厦，是全美国第一座使用空调的办公大楼。奇特的是他的中央天井竟然是集中的办公场所，由屋顶天窗采光（图5-6，丛书1-4）。

1936年开始建造的约翰逊制腊公司大楼（也就是前面所述的1930年

代赖特的四大成就之一)，其特点在于它的蘑菇形的树状圆柱，使整个办公空间就像处于一个“现代化”的自然森林之中。这种圆柱在当时是无法进行结构计算的，只能通过实体模型证明它的坚固性，而它不仅提供结构支撑，也是自然光的提供者(图5-7，丛书1-39)。

图5-6　拉金行政大厦中央天井

最后，1943年纽约的古根海姆博物馆可以说是赖特的个人纪念碑(图5-8，丛书1-59)。它是一座螺旋形向上扩大的奇型建筑。展览的画就布置在螺旋走道的边壁上，人们可以边走边欣赏画展。尽管赖特为这种布局极力解释和辩护，一贯称道他的P.布拉克在《赖特与凡德罗》一书中却毫不客气，他说：“就正常意义来说，(这个馆)几乎不可能

图5-7　约翰逊制腊公司大楼蘑菇形的树状圆柱

图5-8　纽约古根海姆博物馆

作美术馆用……现在得另设法建造一个场所来陈列那些画而已……再也找不到任何建筑物与既有都市模式更不能配合的了。”

然而，请问：曼哈顿从什么时候开始要求新建筑物要与“既有都市模式”配合的呢？

2. 德国的表现主义（后期）与有机建筑

在门德尔松设计的爱因斯坦塔楼（图2-12）的表现主义基础上，后续的德国建筑师更进一步探索有机建筑的表现，其中最突出的是汉斯·夏隆（1893—1972）和雨果·哈林（1882—1958）。前者设计作品较多，后者则以理论见长。

汉斯·夏隆（Hans Scharoun）的青年时期正值第一次世界大战，战后1919年他就参加B.陶特组织的“玻璃链”，1926年参加德国表现主义建筑师组织“环”。1929年他负责西门子居住区的规划，重视缔造社会空间。此后他又设计较多住宅，比较突出的是施明克住宅（1933年）。战后1956年设计的柏林爱乐音乐厅被认为是同类建筑中的最佳者（图5-9，丛书3-66），他去世后政府决定对其外立面贴上镀金铝箔。他的作品表现主义色彩浓厚，也含有有机建筑的因素。

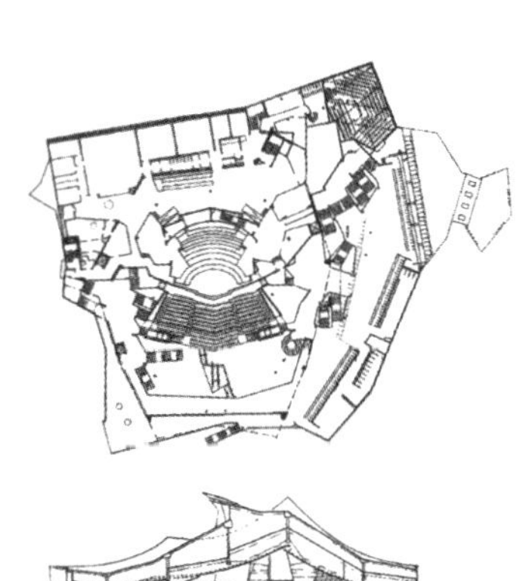

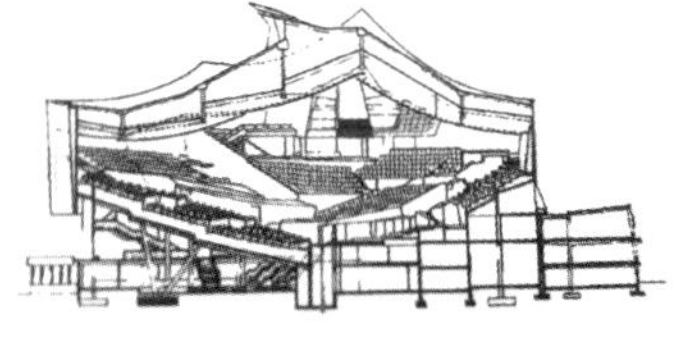

图5-9　夏隆：柏林爱乐音乐厅

雨果·哈林（Hugo Haring）是“环”组织的创始人，著有《有机建筑》一书。他赞成建筑要满足功能要求，同时又需要深入一步，更具体地了

图5-10　哈林：加考农场

解场地条件以及任务书的核心要求，这是形式的内在源泉。他称之为内在有机任务（Organwerk），以区别于形式的外表表现（Gestaltwerk）。其代表作品是德国加考的农场（图5-10，丛书3-23），他用单坡、双坡屋顶和环形砖表现不同功能的建筑部分。他的理论与柯布西耶的理性/功能主义对立，导致在国际现代建筑（CIAM）1928年大会上发生了剧烈的争论，他在会上遭到了失败。但是他与夏隆在创作中仍然贯彻自己的观点。例如，在柏林音乐厅的设计中，他把乐队演奏的位置放在中央，四面由踏步式的听众席包围（称之为“音乐在中间”），把它比喻为四周环绕山脉的花坛（图5-9）。

3. 芬兰阿尔瓦·阿尔托建筑设计中的的有机性

阿尔托出生于1898年，多才多艺，他精通建筑、家具、织物、玻璃器皿、雕塑、绘画，但他始终认为建筑是树干，其他是树。他能广收博采，从芬兰古典与欧陆风格中吸取经验。在1960年他总结自己的创作经验时说：

“要使建筑更有人性意味着要有更好的建筑，也就是说：功能主义所包含的不仅是技术。要做到这点，只能用建筑的方法——通过创造或组合各种技术手段，给人提供一个更为和谐的生活”。

阿尔托所说的“方法”，归结起来是两条：一是自然（在芬兰主要是森林），二是人。

他最早的作品是木制家具。他与芬兰的大木材商古里赫森夫妇合作建立了名为Artek的家具公司（玛利亚别墅就是为古里赫森夫妇修建的），生产多种胶木家具，他1939年为巴黎博览会设计的芬兰馆，就展示了多种构造的木结构。

图5-11　阿尔托：珊纳特赛罗市政厅

他的多项设计中一般都分为两个部分。例如在玛利亚别墅中，设一个两层部分，供起居、接待客人等用（称为“鱼”）；一个单层部分，是私人睡眠、用餐等用，边上还设个游泳池（称为“蛋”）。

在1949年设计的珊纳特赛罗市政厅中，他充分运用了人的多种感觉功能。例如，进入的人们都可以从室内的木地板和室外的砖石路面的触觉中区别内外（图5-11，丛书3-61）。

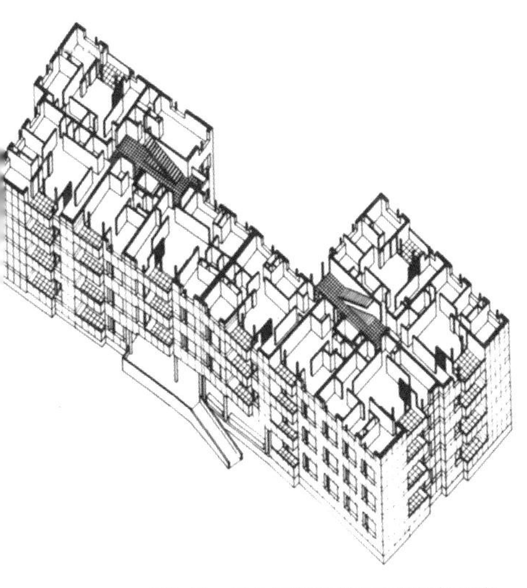

图5-12　柏林汉萨区博览会的样板公寓

弗兰姆普敦对阿尔托1955年为柏林汉萨区博览会设计的汉萨区样板公寓特别称道（图5-12，《现代建筑——一部批判的历史》，第4版，222页），认为该设计远胜于柯布西耶的马赛“人居单元”。其特点是阿尔托在一个有限空间中为单户家庭设计了一个完整的住所。在一U形宽敞的中庭平台上，两侧分别设卧室（3居室）和起居及餐厅，卧室一端设浴室，起居一侧设厨房（可单独对外出入）。每户都享有同等的舒适度和私密性。

弗兰姆普敦认为阿尔托的设计继承了北欧把古典与乡土、把个性与规范融合起来的传统，历经50年不变，直至他1976年去世前始终不渝。

六　现代主义（一）——格罗皮乌斯：包豪斯（Bauhaus）与“新客观性”（New Objectivity，1919—1933）

“现代主义”（Modernism）是20世纪最重要的一个建筑创作流派。它是从德国的“包豪斯”开始的，其创办人为瓦特·格罗皮乌斯（Walter Gropius，1883—1969）。

包豪斯是1919—1933年德国的一家艺术学校，提倡将手工艺与纯艺术结合起来，主要应用于建筑学领域。Bauhaus，在德文中就是“构筑房屋”的意思。

1914—1918年的第一次世界大战，德国战败，战后（1919年）成立魏玛共和国政府，直至希特勒的纳粹党在1933年取得政权为止。在魏玛共和国政府存在的时期，由于背负巨大的战争赔款，经济十分困难，但它通过明智的经济政策渡过了难关，特别是建造了大量的普通住宅，功不可没。

包豪斯成立后经历了三个时期，以更换的三个校址分期：1919—1925年在魏玛；1925—1932年在德绍；1932—1933年在柏林，1933年在纳粹的压力下被迫解散。它先后有三名校长：瓦特·格罗皮乌斯（Walter Gropius，1919—1928任职）；汉尼斯·迈耶（Hannes Meyer，1928—1930任职）；和密斯·凡德罗（1930—1933任职）。

包豪斯提倡“总体创作（Gesamtwerk）”，要求把所有的艺术（包括建筑）组合为一体。它产生的作品被称为“现代建筑（Modern Architecture）”，其实包豪斯在其他艺术领域：造型设计、室内设计、产品设计、字体排印设计等均有深刻影响，其作品均以重功能、形式简洁为突出特点。

图6-1　包豪斯校舍

但是，在最初的包豪斯的第一个时期（魏玛时期），格罗皮乌斯就与另一位主要教师J. 伊顿（Johannes Itten）发生了尖锐的矛盾，后者提倡一种反国家的神秘波斯哲学。同时，荷兰风格派的凡·杜斯堡与俄国画家康定斯基也参加了进来，造成一片思想混乱，格罗皮乌斯以极人的精力把伊顿赶出学校，与汉尼斯· 迈耶等建立了思想优势，设计了若干贯彻他们思想的样板住宅，特别是在1925年为德绍新校址设计了形式一新的车轮式平面的新校舍（图6-1，丛书3-27）。迁址后，他又用三年时间推行自己“总体创作”的信念，到1928年辞职，把学校交给汉尼斯·迈耶主持。此时，纳粹势力不断上升，对包豪斯进行了各种攻击，称它是“共产党知识分子的中心”，甚至攻击新校舍的平屋顶，要求加盖坡顶。使迈耶不得不在1930年把学校移交给密斯·凡德罗。后者也难以维持，最后包豪斯在1932年搬迁到柏林一家旧仓库时，已经是奄奄一息了。

图6-2　格罗皮乌斯：法古斯鞋楦厂

瓦特·格罗皮乌斯（Walter Gropius，1883—1969），德国建筑师、教育家。在1908年加入建筑师P.贝伦斯的事务所，与密斯·凡德罗、勒·柯布西耶等同事。1910年与阿道夫·迈耶自办事务所，因设计法古斯鞋楦厂（图6-2，1911—1913）而闻名。

1915年，德国的大公爵萨克逊工艺美术学校校长H.凡·德·维尔德因属比利时国籍被免职，由格罗皮乌斯继任，1919年转化为包豪斯。

格罗皮乌斯执业和办教的主导思想有二：一是“总体创作”（将各种实用艺术与纯美学综合于建筑一体中）；二是“新客观性”（New Objectivity，与当时盛行的表现主义对立，主张置客观性于主观性之上）。

新客观性是在艺术界和建筑界从1923年开始兴起的一种与表现主义相对抗的流派，主张完全客观地在物质基础上观察事物，不涉及任何观念的介入。它在德国、荷兰、瑞士等国特别流行。典型建筑作品为鹿特丹的凡奈尔工厂（1927—1929，图6-3，《现代建筑——一部批判的历史》，第4版，145页）

图6-3　格罗皮乌斯：鹿特丹的凡奈尔工厂

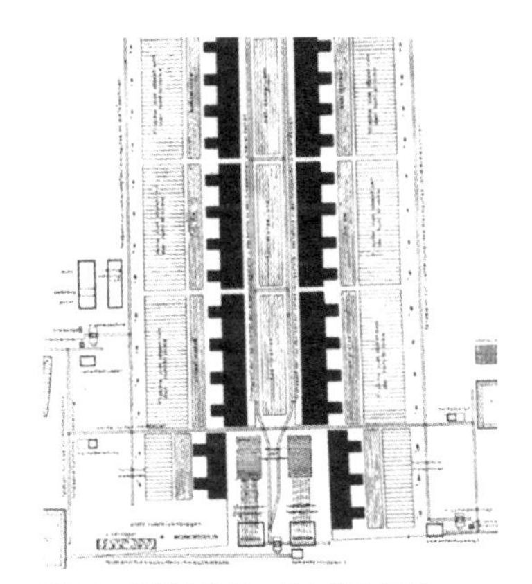
图6-4　格罗皮乌斯：托尔顿住宅区

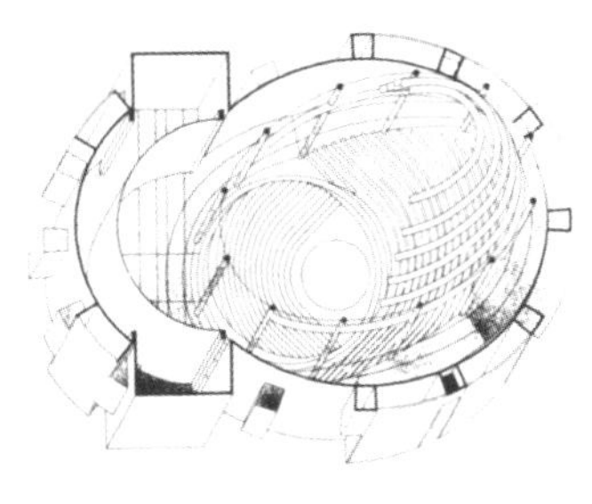
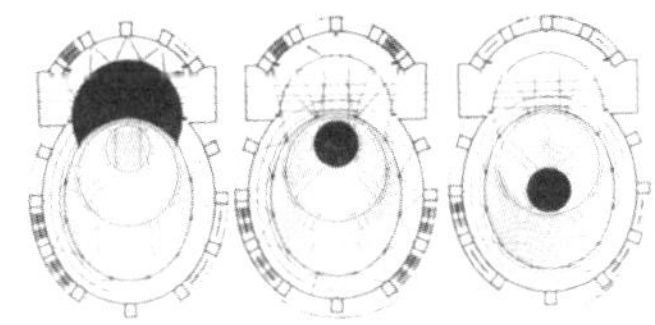
图6-5　格罗皮乌斯：总体剧院

图6-6　格罗皮乌斯：自宅

格罗皮乌斯的作品除法古斯鞋楦厂与德绍包豪斯等项目外，还在柏林、卡尔斯鲁厄、德绍（托尔顿）等地规划设计了不少住宅区（图6-4，《现代建筑——一部批判的历史》，第4版，149页）。托尔顿住宅区是成排布置的，让起重机可以在轨道上运行，进行预制构件的安装。

他1927年设计的“总体剧院”的舞台可以在瞬间旋转到三个不同位置，观众座椅也可以移动，使戏剧始终处于一种动态（图6-5，《现代建筑——一部批判的历史》，第4版，150页）。

他在1928年被迫把包豪斯移交给H.迈耶后，1934年在英国建筑师M.富莱的帮助下，与妻子同时移居到英国，1937年到美国，在哈佛大学设计研究生院执教，1938年被任命为建筑系主任，直至1952年退休，培养了大批美国现代派的建筑师，包括贝聿铭等。

他在美国设计的自宅也受到广泛的赞赏（图6-6，丛书1-37）。

第一次世界大战后德国的魏玛政府在极大的经济负担下渡过难关，德国马克暂时得到稳定，就着手进行大规模的居民住宅建设。当时有两位建筑师起了杰出的作用，他们是：柏林的布鲁诺·陶特（见第二节）和法兰克福的恩斯特·梅。

布鲁诺·陶特（Bruno Taut，1880—1938）是一个有犹太血统的德国人，年轻时就接受社会主义思想。在柏林上学后在建筑师赫曼·穆特休斯（Herman Muthesius，1861—1927）手下工作。后者对德国的设计事业起了重要作用。针对当时德国在工业发展中常规产品粗制滥造的低劣设计，穆特休斯发起组织德意志制造联盟，力图通过高品位的设计来振兴德国工业，对后来的密斯、格罗皮乌斯和勒·柯布西耶等都有深刻影响。他建议陶特去英国考察花园城市，也对陶特后来的事业产生重要影响。

陶特的性格中具有浪漫和务实的双重性。他热衷于提出具有乌托邦性质的理想，在1914年为德意志制造联盟展览会建造了一栋“玻璃馆”（图2-6），预言玻璃将改造建筑和城市。在德国发生镇压斯巴达克团武装起义后，他的杂志不能出版，他就组织18位志同道合的建筑师及艺术家用通信的方式各叙己见，这些信件后来以《玻璃链信件》的名称出版，在现代建筑史上占有重要一席。

另一方面，陶特又以务实的态度从事大众住宅的建造。他在1924年担任柏林GEHAG住房合作社的总建筑师。在1924—1931年间，他的设计团队先后建造了12000所住宅，其中最有名的是柏林郊外的“闪电（马蹄形）居住区”（Britz-Hufeisensiedlung，图6-7、图6-8，丛书3-26）。它因围绕一个水池而得名。这个社区在战争中遭到破坏，战后修复，至今仍在使用，并被联合国教科文列为“世界文化遗产”。

纳粹得势后，陶特流浪于各国，1938年病逝于土耳其。

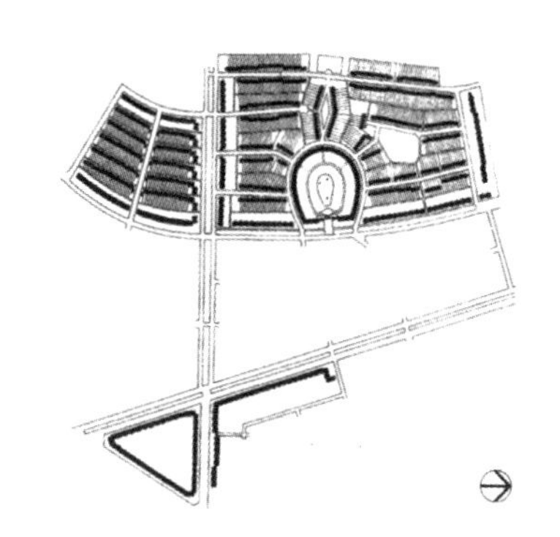

图6-7　陶特：闪电（马蹄形）居住区（一）

恩斯特·梅（Ernsty May，1886—1970），出生于法兰克福，在英国主修

图6-8 陶特：闪电（马蹄形）居住区（二）

建筑，在魏玛时期被任命为法兰克福的总建筑师，负责“新法兰克福”的修建，制定了“最低生存标准”（与勒·柯布西耶发生对立，后者提倡“最高生存标准”），并委托建筑师里霍斯基设计建造了样板式的“法兰克福厨房”（图6-9，《现代建筑——一部批判的历史》，第4版，149页）。

图6-9 恩斯特·梅：法兰克福厨房

1925—1930年，恩斯特·梅在5年间共建成了15000套平民住宅。此后，他率领设计班子去苏联参与新钢铁城马格尼托尔斯克的规划设计，3年内参与了20个新城的规划与建造。事后却遭到苏联当局的批判，苏联当局禁止本国再聘任外国建筑师。恩斯特·梅继而在非洲帮助当地的建设，流浪至晚年，在1970年病逝于汉堡，享年84岁。

七　现代主义（二）——“装饰艺术”（Art Deco）与“少即是多”（Less is More）

1. 冲向天空——芝加哥与纽约

图7-1　会堂大厦

芝加哥在世纪转换时的建筑：会堂大厦（图7-1，1887—1889），砖结构，10层；蒙纳德诺克大厦（1889—1892），砖结构，16层；卡森·皮里·斯科特大厦（1903—1906），钢结构，12层（图7-2，丛书1-3）；

图7-2　卡森·皮里·斯科特大厦

纽约在世纪转换时的建筑：富勒（熨斗）大厦（1901—1903），87米高（丛书1-1）；伍尔沃思大厦（1911—1913），钢结构，55层（丛书1-15）；洛克菲勒中心（1929—1939），70层（图7-3，丛书1-33）；帝国大厦（1931），102层。

芝加哥在1871年发生大火，损失很重。在恢复过程中，地价大涨，当时一般公共建筑为6层砖结构，但电梯技术已经较为成熟，因此就要改进结构设计，向高层发展。例如阿德勒&沙利文事务所设计的会堂大

图7-3　洛克菲勒中心

厦最高为10层（图7-1），蒙纳德诺克大厦达到16层。此类建筑讲求经济实用，很少用装饰，有一种粗犷之美，但其高度已经超过砖结构的极限了。于是就出现以钢结构为支架的建筑，避免了铸铁结构的不耐火性，阿得勒&沙利文在卡森·皮里·斯科特大厦中，不但在结构上，而且在立面上，都以创新姿态迎接新世纪的驾临（图7-2）。这些建筑被称为“芝加哥学派”。

纽约的摩天楼起步比芝加哥略晚，从1920年代初，各大企业都要在曼哈顿建造总部大楼，此时建筑技术已经比较成熟，于是在其初期的竞争中这些企业往往不惜成本追求形式的壮观和装饰的豪华，建筑风格与芝加哥学派建筑形成鲜明的对比。在形式上，纽约摩天楼倾向于套用一些新哥特式的屋顶形式，墙体用装饰的贴面砖。显然受当时艺术界流行的“装饰艺术”的影响，最典型的是建于1928—1930年的克莱斯勒大厦（图7-4）的顶冠，那是由 7层尼罗斯泰（Nirosta）钢制成的半圆拱片叠合的尖塔，每层都配有三角形的窗，晚上可以闪光。

图7-4　纽约克莱斯勒大厦

2.“装饰艺术”及其批判

“装饰艺术”（Art Deco）作为一种视觉艺术风格，首先出现在第一次世界大战前夕的法国，一时流行于欧美各国的建筑、家具、珠宝、时装、汽车、影院、海轮以及日常用品（如收音机、吸尘器等）上，它讲究“现代风格”，但要求材料稀贵、精工细刻，以体现豪华、辉煌、富裕以及“新时代”的风貌。它实际上是欧洲皇室家具以及取自中国、日本、印度、波斯、埃及和玛雅文化“异国风光”的混杂物。它在二战前开始衰落，一方面由于经济危机的影响，另一方面也是由于受到现代功能主义的批判和抵制。

对这种盲目追求豪华装饰进行尖锐批判的以奥地利／捷克建筑师A.罗斯（Adolf Loos，1870—1933）最为突出。他的代表作是《装饰与罪恶》（Ornament and Crime，1910年发表的演说，在德国正式出版是1929年），他提倡洁净的表面，既反对“世纪末”兴起的豪华装饰，也反对分离派的美学观点。有的评论家称他为现代建筑的先驱。

在《装饰与罪恶》中，他宣称：“文化的进化与在实用物体中排除装饰同步”。他认为，强迫手工艺匠和建筑工人把时间浪费在（很快就会过时的）装饰上是一种罪恶。但是，评论家也指出，他反对的是室外装饰，而他自己的设计中却十分重视室内装饰，他区别“有机性（自然）”与人工多余的装饰。

然而，真正对装饰艺术进行致命性打击的却是来自德国的密斯·凡德罗。

3. 密斯·凡德罗（Mies Van der Rohe）“少即是多”

密斯1886年出生于德国亚琛的一个石匠家庭，年轻时就熟知各种石材的性能与加工，1908年参加贝伦斯的事务所，不久就显示出杰出的创作才能。

密斯在德国时期的作品

李卜克内西／卢森堡纪念碑（图7-5）

图根哈特住宅（图7-6，丛书3-40）

威森豪夫样板平民公寓（图7-7，丛书3-28）

巴塞罗那德国馆

图7-5　李卜克内西/卢森堡纪念碑

他的设计试图表现清晰度与简洁性，使用建筑钢材与平板玻璃以确定内部空间，试图用最少量的支架结构提供最大量的活动空间。他称之为“表皮加骨骼建筑”，以显示“少即是多”的理念。

图7-6　图根哈特住宅

巴塞罗那德国馆

1996年夏天（国际建筑师协会大会举行期间）的一个下午，笔者和刘开济总建筑师步行到巴塞罗那市中心的广场，去参拜密斯·凡德罗在1929年设计的巴塞罗那世博会德国馆。一批国际建协的元老们也聚集在这里，共同向现代主义建筑的一位创始人表示敬意。

图7-7　威森豪夫样板平民公寓

这个不到一千平方米的小展览厅，是密斯接受当时德国魏玛共和国的委员长斯尼兹勒的委托，为1929年巴塞罗那世界博览会设计的德国馆（图7-8，丛书4-23）。为这个博览会，加泰罗尼亚政府

图7-8　巴塞罗那德国馆

和民间投入了巨大的资金和人力，整修了市中心的广场和道路，兴建了大型美术馆和剧院，还专门建造了一个集中本国民居建筑的村落（名为“西班牙村落”）。这些建筑至今还屹立于巴塞罗那的中心，接待了成千上万个外来访客。而密斯设计的德国馆，除了一个少女雕像和几张密斯设计的桌椅之外，别无其他留存。在世博会闭幕后不久，它就被拆除，只留下了爱好者所拍摄的几幅黑白照片。战后就凭这几张照片重新建造。

密斯在德国馆的设计中，展示了“流动空间”的魅力。在这一点上，他与赖特是相呼应的。有的评论家认为：德国馆内主厅的隔断，就像赖特住宅中的火炉，它是建筑的中心，其他空间离心地向四方扩散，于是在一个空间内，既有中心的凝聚力，又有周围的扩散力，这两种力的对峙，是用绝对隔断的古典建筑中所鲜有的。

1930年，密斯担任包豪斯的第三任校长。1932年政治形势迫使他把学校迁至柏林，情况仍无好转，纳粹势力不断扩张，使他不得不在1933年关闭学校。此后，他在德国逗留期间，只能做几栋小型住宅设计，无所事事。这时，在美国的P. 约翰逊邀请他去美国，他于1937年成行。

密斯在美国时期的作品

伊利诺伊理工学院克朗厅，1952—1954年

范斯沃思住宅，1945—1950年

芝加哥湖滨大道，高层公寓，1951年

纽约西格拉姆大厦，1954—1958年

图7-9　伊利诺伊理工学院克朗厅

1938年密斯开始担任位于芝加哥的赫尔德学院（后改名为伊利诺伊理工学院—IIT）建筑系主任，为学院设计了新校园，不久，学院就名闻全国。它的克朗厅是密斯“少即是多”的设计思想的典型（图7-9，丛书1-51）。

图7-10　范斯沃思住宅

但是，密斯在美国的事业并不是一帆风顺的。1946—1951年，他为一位范斯沃思博士设计一座周末休闲别墅（图7-10，丛书1-47），运用了他的“几无一物”的设计构思，其本意是让主人可以自由利用室内空间，却遭到了起诉。女主人对这个设计百般挑剔，而右派赫尔斯特杂志也兴波作浪（不幸的是赖特也参与这个围攻）。结果虽然密斯胜诉，但对他在美国的事业不无影响。所幸的是他有约翰逊等人的支持，加上他在IIT克朗厅以及芝加哥湖滨大道的高层公寓（图7-11）设计的成功，使他的“少即是多”的思想获得了较多的支持。

图7-11　芝加哥湖滨大道高层公寓

图7-12　纽约西格拉姆大厦

使他获得彻底胜利的是1954—1958年在纽约建成的西格拉姆大厦。密斯是由业主的女儿P.兰姆波特夫人经过多方比较后选择的建筑师。密斯邀请挚友P.约翰逊与他合作设计，建成后，这种不用装饰的“玻璃+钢”的设计大获成功，得到著名评论家L. 孟福德的高度赞扬，对当时在纽约盛行的“装饰艺术”（art deco）是一有力的批判，使简约之风占了上风（图7-12，丛书1-58）。

兰姆波特夫人在20世纪90年代曾经访华，我们有幸听她介绍当时选聘密斯的经过。

此后，密斯又在美国、古巴、墨西哥以及德国柏林做了一些设计，于83岁的高龄带着盛名去世。

八　现代主义（三）——新纪念性：路易斯·康

在二战后期及战后，法西斯国家的侵略被击败，和平重新降落人间（尽管是不稳定的），建筑领域出现了“新纪念性”表现的需求。在美国，这个需求的适应主要由路易斯·康实现。

路易斯·康（1901—1974），他的事业从1930年代开始，沿教育和设计两条线发展。在教育方面，他1947—1957年在耶鲁大学、1957至去世在宾州大学执教，期间曾去欧洲考察进修。

在设计方面，他1935年起自设事务所，但使其成名的是1950—1952年的耶鲁大学艺术馆（图8-1，《现代建筑——一部批判的历史》，第4版，269页），在这里他首先表现了把建筑物分为“被服务”和“服务”两部分，用不同的结构予以区分的设计手法：前者（展厅）以大空间、四面形构架楼板覆盖；后者（楼梯、管道等）用圆筒或矩形隔离体组合。

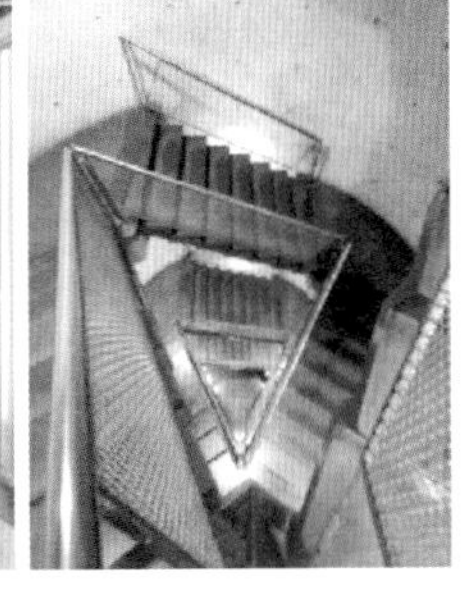
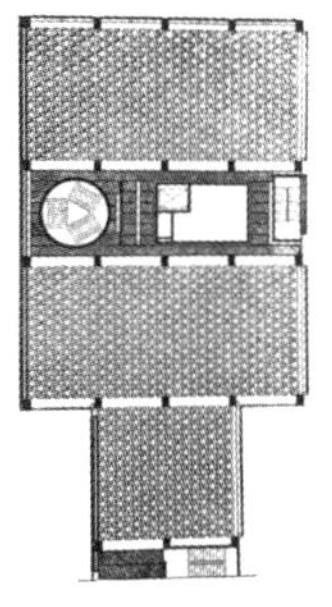

图8-1　耶鲁大学艺术馆

这种手法在1957—1964年的宾州大学所属的理查兹实验楼中进一步发展（图8-2，丛书1-60），“被服务”区用矩形平面的多层大空间；“服务”区用附设的小面积筒体。这种手法也可以说是康对“新纪念性”的设计理念：以“构成句法（tectonic syntax）”的表现凌驾于项目纲领及类型学要求之上。

图8-2　理查兹实验楼

这种理念在他1959—1965年的索尔克生物学研究院以及1972年的金贝尔博物馆中进一步发展（图8-3，丛书1-69）。研究院位于太平洋东岸的一片高地上，“严格的直线和对称与加利福尼亚交错的海岸线形成强烈对比”。建筑师用一中间宽道隔开的两排研究楼“以完全现代的技术和形象达到古代希腊庙宇的境界”。“服务区”用研究楼中间夹层安设管道，为40余名教授研究员分别设置用廊道联结研究空间的单独办公室。

图8-3　索尔克生物学研究院

金贝尔博物馆用32米跨度的摆线拱体为屋顶，提供宽敞的自由展览空间（又可用活动隔墙隔断）。管道设置在拱间横梁支托的服务空间内（图8-4，丛书1-75）。评论家英格索尔称之为“项目、结构、形式和园林综合成一个完全的综合体”“光亮的感觉、触觉的反

图8-4　金贝尔博物馆

应、拱顶形式的方向性都不断使参观者卷入在空间体验与艺术欣赏之间的平衡对话”。（R. 英格索尔）。

20世纪50年代随着康的“新纪念性”在美国的成名，一些新兴国家邀请他（有的是通过他的学生的引进）到本国设计重要建筑，先后有孟加拉国的首都建筑群和印度艾哈迈达巴德的印度管理学院。与另一位大师柯布西耶引进“国际风格”的做法不同，康十分注意对本土建筑传统及地方材料（特别是砖）的应用，同时也巧妙地发挥他本人的创作理念和风格。

两个项目的设计均从1962年开始。在达卡，他设计的是以议会大厦为中心的建筑群。由于规模的巨大，大厦本身用的是灰色的混凝土圆筒型结构，周边建筑均是红色的清水砖墙结构，“形成强烈反差”（图8-5，丛书8-74）。评论称：“康的超时代的经典建筑语言至今仍在激励着这一地区年轻一代的建筑师们。”

图8-5　孟加拉达卡首都建筑群

在印度管理学院，康用的全是清水砖墙结构（图8-6，丛书8-60）。评论称："康的建筑作品，墙壁各处的环形大开孔（注：拱券用混凝土梁联系）体现了无与伦比的砖工技术，穿过这些开孔的光线突出了砖面的纹理，与砖石建筑的永恒的质量相协调，给整个建筑群以无限的宁静感。"

"于宏大之中见朴实（与勒·柯布西耶那种引人注目的雄伟壮丽多少有些不同）是管理学院的诱惑力之所在，其独具的特征来自对材料与结构的合理运用及康本人的设计风格……"（印度建筑师R. 麦罗特拉）。

图8-6　印度管理学院

九　现代主义（四）——国际风格（International Style）：勒·柯布西耶与CIAM

勒·柯布西耶是旷世奇才，他的理论和作品对20世纪世界建筑的发展有重大影响。

柯布西耶（原名查理士·爱都亚德·让纳雷，1887—1965），生于瑞士拉绍德封，后入法国籍。父亲是一名钟表匠。他从小得到良好教育，成长中自己选择职业，上学和周游欧洲各国，最后选择以建筑师为终生职业。他的光彩生涯可分为以下时期：

（1）1915—1920年：于1915年提出“多米诺”方案（混凝土框架结构），建立“自由平面”的设计手法。代表作品：“多米诺”系列的应用（1915，图9-1，《现代建筑——一部批判的历史》，第4版，165页）。

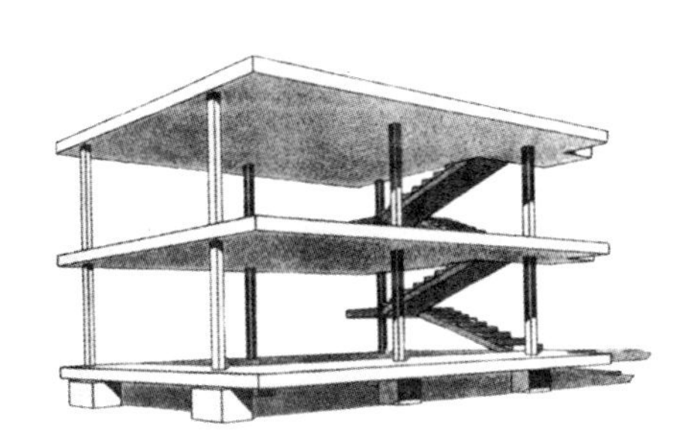

图9-1　“多米诺”系列的应用

（2）1921—1934年：在《走向新建筑》（1923）一书中：提出第一、二感觉的二元概念。同时提出“建筑还是革命”的惊人见解，提倡纯洁主义艺术。1927年提出“新建筑5点”主张。代表作品：雪铁龙住宅（图9-2，《现代建筑——一部批判的历史》，第4版，134页），拉罗契住宅、不动产住宅等。

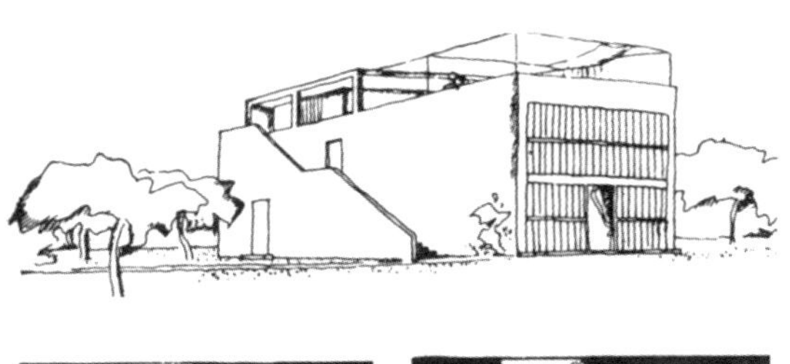

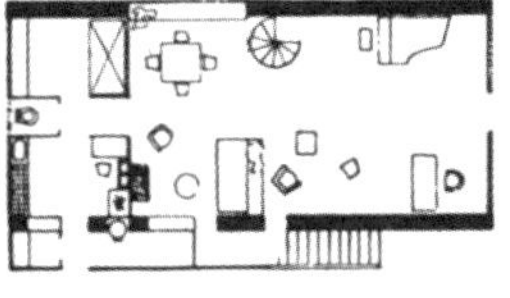

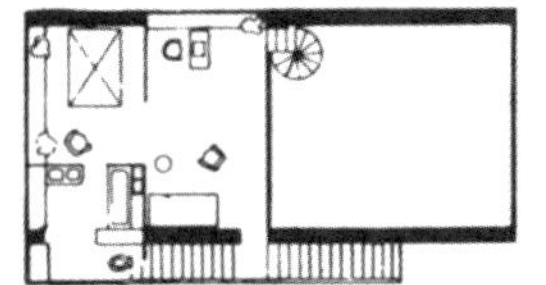

图9-2　雪铁龙住宅

（3）1922年：提出“当代城市”（ville contemporaine）见图9-3（《现代建筑——一部批判的历史》，第4版，169页）。1925年提出“邻居规划”（plan voisin）见图9-4，《现代建筑——一部批判的历史），第4版，168页）。1930年提出“明日城市”（Ville Radieuse）。代表作品：库克住宅、蒙齐别墅（图9-5，丛书4-20）、萨伏伊住宅（图9-6，丛书4-24）等。

（4）1928—1936年：走向世界，代表作品：苏联苏维埃宫方案（1928）；阿尔及利亚Obus规划（1931）；阿根廷卫生教育部大楼（1936—1943）。

（5）二战后：为法国重建部部长道特里设计“人居单元”（unite d'habitation），其中以建于马赛的最著名（1952）。与奥斯卡·尼迈耶合作，设计联合国总部大厦（1947）。

（6）1951—1960年：主持CIAM工作，提倡国际风格，代表作品：印度昌迪加尔建筑群等项（1950—1962）。

（7）晚年：反归乡土，代表作品：朗香教堂（1950—1955），拉土雷特修道院（1957—1960）等。

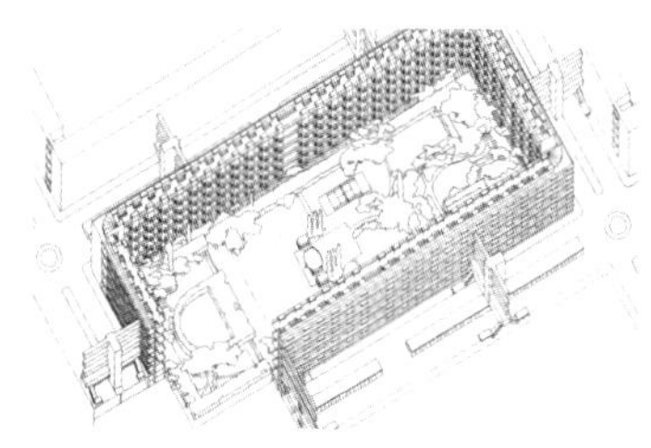

图9-3 “当代城市”集合住宅

图9-4 “邻居规划”

图9-5 蒙齐别墅，1927年

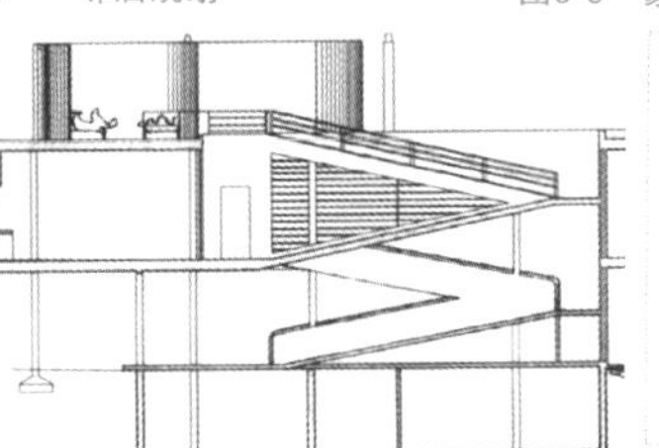

图9-6 萨伏伊住宅，1929年

柯布西耶是“国际风格”的倡导者。事实上，“现代主义”的几位大师：柯布西耶、格罗皮乌斯与密斯都可以说是“国际派”，只有赖特是“地方”派。在柯布西耶主持CIAM的时期，“现代主义”与“国际风格”几乎合而为一。“雅典宪章”就是他们的理论纲领。

1. 柯布西耶的早期创作道路

二元的观念

1920年，柯布西耶与堂弟P.让内雷与艺术家奥尚芳合作创办《新精神》杂志，在第四期的一篇文章中，鲜明地提出工业对新时代发展的意义，远超过意大利未来主义者所理解的“机械动力学”的极限，而是有更深刻的文化含义。他们区分第一和第二感觉，前者指的是普世接受的帕拉图形式，后者指的是在特定文化语境中的美学效应。

在这时，柯布西耶就意识到二元客观的存在：世界到处都存在二元的并存与对立，普世与特殊、工业与乡土、科技与传统、几何与人体、工程学与建筑学……（也就是“宏观”与“微观”的二元）。柯布西耶在1915年创造的“多米诺”结构属于“微观”，一举打破承重砖墙的传统，宣告了混凝土结构的力量。1920—1930年代，他接连提出的“当代城市”“邻里规划”与“明日城市”等，公开提出要拆除巴黎传统的中心地区，建造高楼林立的新城市，属于“宏观”（图9-7）。他始终侧重于前者，即普世、工业、科技、几何与工程学，但是乡土的幽灵仍缠绕不散，以致他的晚年建筑朗香教堂以回归传统的形式呈现。

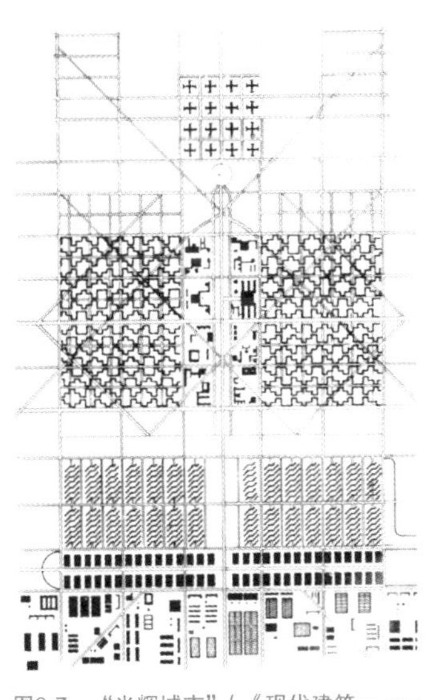

图9-7 “光辉城市”（《现代建筑——一部批判的历史》，第4版，197页）

《新建筑5点》

1925年，柯布西耶在总结他已设计的一些住宅时提出了《新建筑5点》，于次年正式发表，它包括：

（1）托柱（pilotis）：把整个建筑的重量托起，离开地面。

（2）自由平面（free plan）：把承重柱与墙体分开。

（3）自由立面（free facade）：在垂直面上实现自由平面的原则。

（4）横向长窗。

（5）屋顶花园：弥补房屋覆盖的地面。

这实际上就是“多米诺”结构的进一步具体化（属于“微观”），是柯布西耶在1920年代设计的住宅特征的概括总结（最典型的表现在萨伏伊住宅中）。

图9-8 苏联Tsentrosoyus建筑

图9-9 阿根廷库鲁谢特住宅，1954年（丛书2-40）

2. 柯布西耶与推行“国际风格”时期

从1920年代开始，柯布西耶就扬名国外。他的作品及影响先后扩散到俄国（苏联）、捷克、北非、巴西、阿根廷等多国（图9-8~图9-13）。二战以后更是如此，联合国总部大厦的方案讨论请他主持，就说明了他的国际地位。

图9-10 阿尔及利亚Obus规划，1931年（《现代建筑——一部批判的历史》，第4版，198页）

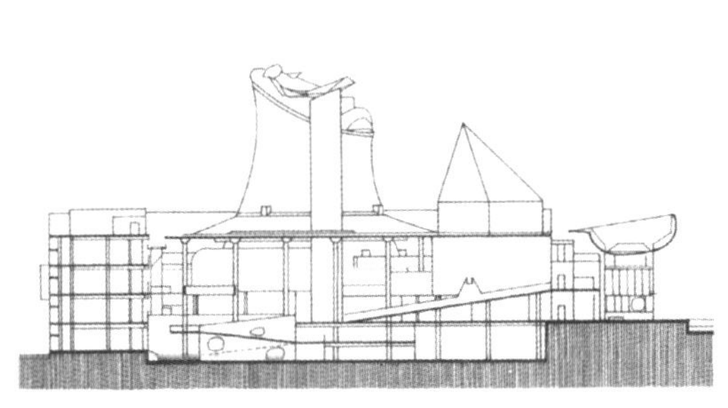

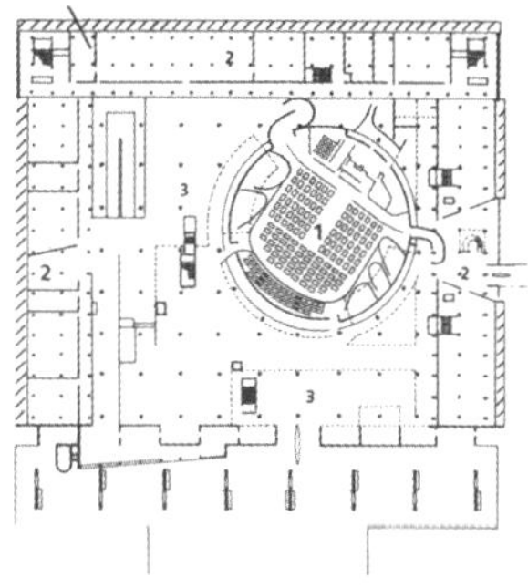

图9-11　印度昌迪加尔议会大厦，1953—1961年（丛书8-42）

图9-12　印度艾哈迈达巴德肖丹私宅，1956年（丛书8-39）

图9-13　纺织厂厂长协会总部，1951/1952—1954年（丛书8-36）

1928年，在他的创导下，有24位欧洲知名建筑师在瑞士的萨拉兹城堡成立了“国际现代建筑协会”（The International Congresses of Modern Architecture，CIAM），其口号是“使建筑设计成为一种社会性艺术”，很快就扩大到100人以上。他们几乎每年都要开会一次，讨论建筑创作的一些重要议题，影响很大。

按弗兰姆普敦的总结，CIAM 的历史可大致分为三个时期：

第一期是1928—1933年，受德国新客观派的影响，注重住宅的“最低标准”。

第二期是1933—1947年，处于柯布西耶的“支配”之下，其中最重要的是1933年的CIAM-IV，原计划在苏联召开，因苏联把柯布西耶排除在苏维埃宫设计竞赛之外而临时改在地中海一邮轮上，讨论的主题是“功能城市”（把城市分为居住、休闲、工作、交通及历史遗产五部分，由柯布西耶执笔编写了《雅典宪章》（到1943年才出版），成为CIAM的理论纲领。

第三期是1947—1956年，其中在1953年的CIAM-IX上正式发生分裂，X组对《雅典宪章》中将城市分为五区的观点由史密森夫妇、凡·艾克等进行批判反对，使1956年的CIAM-X成为最后一次会议而告终。

与此同时，1932年美国纽约的现代博物馆举办了题为“国际风格”的展览会，其主持人为希区柯克与P. 约翰逊。他们所指的“国际风格”起源于一战后的荷兰、法国、德国，扩展到“全世界”，成为统治性的建筑风格（直至1970年代），其特征是①以体积代质量；②以正规代对称；③排除装饰。

从此开始，CIAM、国际风格、现代主义三者在人们思想中已混为一体，而柯布西耶是其最杰出的代表。

3. 晚年：回归乡土与地形

柯布西耶留给人间的建筑（他去世后，联合国将他的作品中的17项列为世界遗产）中，多数是属于他创导的“国际风格”，但有两项却截然不同于众。即1950—1955年的朗香教堂（图9-14，丛书4-53），和1957—1960年的拉土雷特修道院（图9-15，丛书4-60）。两者都是宗教建筑，以致弗兰姆普顿称之为“精神形式”。

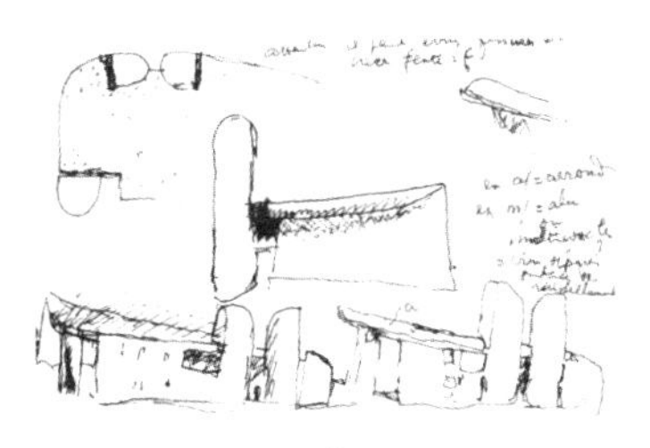

图9-14　朗香教堂

图9-15　拉土雷特修道院

我们可以从多方面来阐释这两栋建筑。在我看来，两者都与其所在的地形和自然环境有直接关系：朗香教堂处于一个四面都是美景的山顶，正是这多变多样的地形产生了他用凹凸表面交替的建筑形象；而修道院则处于一个高差为10米以上的山谷中，于是形成了南北两个截然不同的出入口和组成部分（教堂与修道士的生活区）。在这里，柯布西耶突出了他一生都面临的二元客观，而在这里第一次向自然低下了他骄傲的头。

4. 始终关注集合住宅

图9-16 马赛公寓

柯布西耶在他1923年的早期著作《走向新建筑》中响亮地提出了“建筑或是革命”的口号，很相似于杜甫的“安得广厦千万间，大庇天下寒士俱欢颜，风雨不动安如山”的理想，但是他一生设计了多量的住宅，却多数是为有产阶级建造的小别墅。虽然他早年也设计过“不动产住宅”等集合住宅，但都始终处于方案状态。他真正得以为大众设计住宅是在二战后的重建时期。除建在马赛的“人居单元”马赛公寓外（图9-16，1946—1952，丛书4-49），还有以下建筑：

1955年在法国南特雷泽的人居单元；

1957年在德国柏林的人居单元；

1963年在法国布里埃的人居单元；

1965年在法国费尔米尼人居单元。

据介绍，马赛公寓迄今仍被使用，尽管设计中有些缺陷，居户始终以十分爱护的心理保护它，以能住此为荣。

柯布西耶是“国际风格”的倡导者。事实上，“现代主义”的几位大师柯布西耶、格罗皮乌斯与密斯都可以说是“国际派”，只有赖特是“地方”派。

十　现代主义（五）——场所精神：X组（Team X），成为CIAM的掘墓人（1953—1963）

X组以凡・艾克与史密森夫妇等为代表。

1987年，应阿根廷国家美术馆馆长J.格鲁斯堡的邀请，刘开济和笔者出席了他们每两年举办一次的国际报告会。在一次午餐会上，我们与荷兰的A. 凡・艾克与H.赫兹伯格同桌。我当时对凡・艾克了解很少，只是借此机会与赫兹伯格交谈，表示了想写一本介绍结构主义的书，得到他的支持，给我寄来了他的作品集（可惜由于自己水平太低，未能写成）。餐后愉快地合影。

我回国后查看资料，才知道凡・艾克是Team X的首要成员。我当时把Team X 翻译为十人小组，是个错误，其实直接译成X 组更为恰当。

X组是由CIAM 聘请筹备其第10次大会的10来名建筑师组成的，领先的有荷兰建筑师A.凡・艾克与英国的史密森夫妇，在1953年的CIAM-IX上与正统派公开发生分裂，于1956年在杜布洛夫尼克召开的CIAM-X，由于上下两辈的成员分歧太大，使它成为CIAM最后一次的大会。

X组对《雅典宪章》提出的五类城市功能分类（居住、工作、娱乐、交通、历史）表示异议，强调建筑要满足人们对“归属性”，即认同感的需要，认为“贫民区内狭短的街道常常能够获得认同，而宽阔的改建方案却往往遭到失败。”他们由此提出一种“场所（place）精神”，与《雅典宪章》的“放之四海均准”的“时代精神”（zeitgeist）形成了尖锐的对立。凡・艾克批评“现代建筑在消灭风格和场所的作用”，他怀疑“如果没有乡土文化的介入，建筑师们是否还有能力来满足社会多元化的要求。”

场所精神又可分几个支派：新粗野主义（代表：史密森夫妇）、结构主义（代表：凡·艾克与H.赫兹伯格）、开放建筑（代表：N.J.哈布拉肯）。

1. 新野性主义（New Brutalism，1950—1970年代）

随着CIAM的分解出现了两个支流。一是以英国的史密森夫妇为代表的“新粗野派”，其代表作是伦敦贝什那绿地的金巷住宅群（未建）。它是一个蜿蜒曲折的折线型平面的组合体，其构思出自摄影家N. 亨德森所拍摄的伦敦战后的街道。在这里，史密森夫妇以“住房、街道、区域、城市”代替了CIAM的“居住、工作、休闲、交通”城市功能分解，特别强调了街道的作用。然而，这种沿街叠合建多层的建筑形态并不受居民的欢迎，因为它不提供英国人习惯的屋后园地。此外，这种“新粗野主义”还来自它为适应英国在二战中受希特勒匪帮狂轰滥炸的破坏而采用了许多节俭措施，如消除装饰、暴露结构等，也不受欢迎。

然而，这种“新粗野主义”的折线型平面却在住宅外另一类型建筑中得到推广，这就是教育建筑。它与住宅一样，是战后恢复建设中的一个重点。史密森夫妇1954年建成的英国诺福克郡的亨斯坦顿中学，是英国新粗野主义的第一个作品（图10-1，《现代建筑——一部批判的历史》，第4版，294页）。这个建筑体现了史密森夫妇对大众文化的思考以及战后波普艺术的美学和价值观。

图10-1　亨斯坦顿中学

折线或曲线型延伸平面因其节地而受到欢迎，成为斯特林（与伙伴高恩）早期作品的一种成功手法（图10-2，《现代建筑——一部批判的历史》，第4版，297页）。

粗野主义在欧美各国都有所推广（有人甚至把柯布西耶的马赛公寓（图9-16）和印度昌迪加尔议会大厦（图9-11）都列为“粗野主义”），但随着各国经济建设的迅速发展而被否定。有代表性的是美国波士顿市政厅，一直因其“简陋性”而遭到批评（图10-3）。

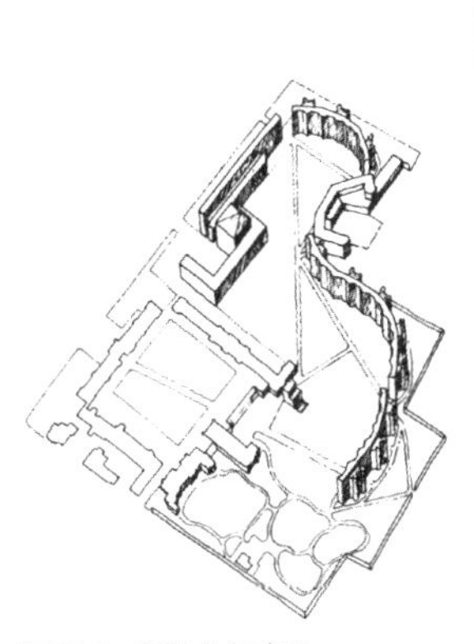

图10-2　斯特林与高恩：塞尔温学院方案

图10-3　考尔曼、麦金乃尔、诺里斯：美国波士顿市政厅，1969年

2. 结构主义（Structuralism）——A. 凡·艾克、H. 赫兹伯格（1957—1974）

凡·艾克

X组成员的观点只是在反对CIAM的功能主义上一致，他们之间仍存在许多创作观点分歧，其中比较突出的是凡·艾克。弗兰姆普顿说他“整个事业都投身于创造一种适应于20世纪下半叶的‘场所形式’……可能是因为没有其他X组成员有意攻击扎根于现代建筑中的异化抽象，因为他们都不具备凡·艾克的‘人类学经验’，以及他个人对‘原始文化’

以及建筑形式的‘超时代性’的关注”。他认为“建筑业，乃至整个西方人都无能为应付群体社会而产生一种美学战略”。他把这种困境称为“由于损失了乡土性而形成的文化空虚……一种由功能城市产生的有组织的、无法生存的‘无所存在’”。在他1950年代的设计（特别是在阿姆斯特丹的孤儿院（图10-4，丛书3-67）中，他强调用“迷宫般的清晰性”来强化“内与外”“屋与城”这些现象之间的“门槛”。

他1957—1960年设计建造的孤儿院被誉为“荷兰最有影响的慈善机构的建筑……（它）奠定了后来所谓结构主义学派的基础。”（W.王）。

“这所孤儿院由分等级和分散的儿童居室、白天活动的房间、管理部门和中央公共活动区组成……两座儿童宿舍完全相同……它们的内、外游戏空间被做成一条斜线互相致意……每座侧楼中央的圆顶也是在重复各个开间上较小的圆顶……使这座建筑在整体上既有同一性，又有表现差别的自由，把设计思想中两个方面（错综复杂和清晰明快）贯彻到了每个方面……在荷兰乃至世界范围都是十分成功之作。”（W.王）

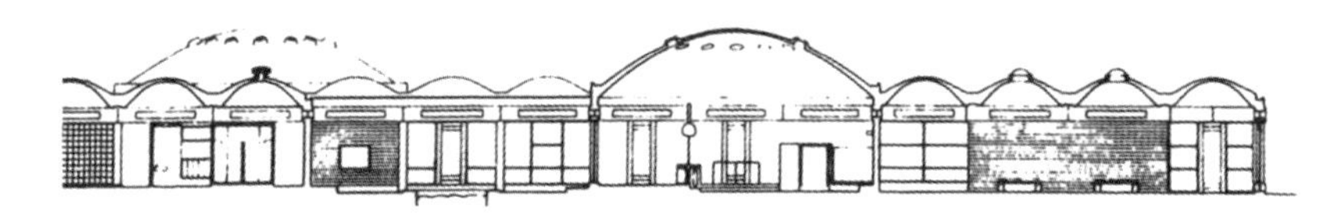

图10-4　凡·艾克：孤儿院，1957—1960年，荷兰阿姆斯特丹

赫兹伯格的结构主义

结构主义（structuralism）是20世纪初由瑞士语言学家F.德·索绪尔（1857—1913）创导的一种语言哲学，在世纪中叶由法国人类学家C.列维·斯特劳斯（1908—2009）发展到多个领域（包括建筑学）的一种符号学的哲学，包括语言／言语、能指／所指等概念。结构主义认为人类文化的各要素只有通过理解它们与一种更高级的结构系统的关系才能得到正确理解。在建筑学中，凡·艾克的“迷宫般的清晰”就是一种结构主义的理解。世界事物是复杂的，犹如迷宫，但可以从揭示个体与整体的结构关系得到清晰的理解。

凡·艾克的思想在他设计的阿姆斯特丹孤儿院中得到显现，后来又由荷兰建筑师赫兹伯格（Herman Hertzberger）更全面地发挥，特别是在他设计的荷兰阿婆丁中央保险大厦（1972）中。这是一座“城市中的城市”，用混凝土构架和砌块形成众多的办公单元（每个7.5米见方），内部家具陈设可以由用户自主地选择和布置，体现了索绪尔的语言（中国话、日本话……）／言语（上海人、北京人……）关系（图10-5，丛书3-79）。

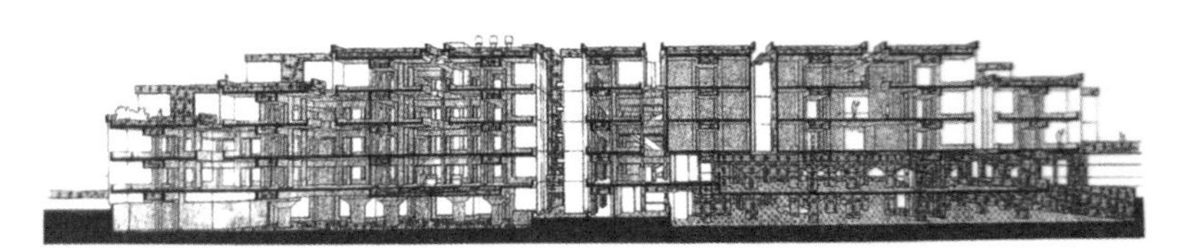

图10-5　赫兹伯格：中央保险大厦

3. 开放建筑（Open Building）——J. 哈布拉肯（1959—）

“开放建筑”的概念是荷兰建筑师约翰·哈布拉肯（John Habraken，1928—）提出的，其主导思想是“用户参与”，特别适用于大众住宅的建设。哈比拉肯把住宅建筑分成“支撑（support）”与“填充（infill）”，前者包括结构，由建筑师与结构工程师设计，施工单位建造；后者是内部隔墙、地坪、天花、厨房、浴室及设备管线等，由用户在设计师协助下自行设计和安装。按照哈布拉肯的观念，用户事实上从早期就参与设计。这种建造方式是用户真正成为住宅的主人。这是赫兹伯格结构主义的一种延伸，在欧洲有许多实例，但由于对组织工作及部件、配件供应的高要求，推广性有限。

后现代主义与近现代主义混战时期

十一　后现代主义（Post Modern）（一）——美国：文丘里、摩尔、格雷夫斯

二战后，欧美国家经过一段恢复时期，经济上出现了繁荣。社会风气有了很大变化，消费主义抬头，理想主义消沉。表现在建筑领域就是“后现代主义”的兴起。

美国建筑评论家C. 詹克斯在他的《后现代建筑语言》（1977）写道：

“现代建筑在1972年7月15日下午3：32 宣告死亡。那时，在密苏里州圣路易市的名声不佳的普鲁特·伊戈住宅的若干平板型住房被炸毁（图11-1）。先是它的黑人居民对它进行了恣意破坏、毁伤、乱涂，尽管投入了几百万美元试图补救仍然无效，导致11栋平板房被炸毁……”。

与此同时，在建筑设计上，也出现了一系列新现象（尽管它在美国和欧洲之间的表现有所不同）。在美国的表现“带了一股玩世不恭的”“游戏”味道。典型的代表有：

图11-1　若干平板型住房被炸毁

离经背道的新组合

最典型的是罗伯特·文丘里（Robert Venturi）为母亲设计的新屋（1961—1964，图11-2，丛书1-64）。作为他的成名作《建筑的复杂性与矛盾性》一书中的图解和宣言称："它最著名的是其有讽刺意味的纪念性立面，一种对称的游戏式构图以及裂开的山墙强调的不对称，任意的束带层，窗子的混合式布置和偏移的烟囱……"，最典型地表现了它在书中所说的"装饰的棚屋"（decorated shed）以及与密斯对立的"少即是烦"（less is bore）。

图11-2　文丘里：母宅

历史景观的拼凑

C. 摩尔（Charles Moore）在新奥尔良市意大利族人的贫民区设计建造的意大利广场（1976—1979）、黑白交替的塔楼、描绘意大利地图的平面……构成了一个奇特的城市景观和游览地（图11-3）。

广告牌式的立面

M. 格雷夫斯（Michael Graves）的波特兰大厦（1979—1982），用不同材料做成一种被夸大的三段柱式（混凝土柱基、玻璃柱身、涂漆柱帽）覆盖整个立面高度，边上配有众多的方格小窗（图11-4）。

图11-3　摩尔：意大利广场

图11-4　格雷夫斯：波特兰大厦

悬挂的石墙与标志性的顶部缺口

P. 约翰逊（Philip Johnson）的纽约电报电话AT&T大厦（1978—1983），标志着他转向后现代主义（图11-5）。

图11-5　约翰逊：纽约电报电话AT&T大厦

到1980年代，后现代主义已经成为一种国际风格，弗兰姆普敦形容它为“以布景术替代构筑术”。文丘里说：“我赞成乱七八糟的活跃性超过明显的统一性……；我选择‘既……又……’而不要‘宁此……毋彼……’；我要黑白共存（有时要灰），而不要‘或黑或白’。复杂性和矛盾性的建筑应当拥抱困难的一统包含，而不是容易的排外”。他主张“首先强调立面，纳入历史要素，微妙地采用奇异材料和历史提示，以碎片化和调度来引起人们的兴趣”。后现代派爱用曲线、不对称、亮色，大量借用过去的风格，提倡建筑要有“机智、装饰和借鉴”。用他们自己的话：“建筑要用‘双重代码’（double coding），就是要同时表达多种意义。”

与当时盛行美国各地的这种“游戏式”的后现代主义相反，欧洲建筑师的设计却表现了另一种姿态。“与现代派抽象性相比，这里表现着后现代派企图回归欧洲悠久传统形象中的类型和空间关系”（英格索尔），见琼斯、柯克兰设计的密西索加市政厅和市民广场（1983—1987，图11-6，丛书1-84）。

图11-6　琼斯、柯克兰：密西索加市政厅和市民广场

十二　后现代主义（二）——欧洲：斯特林、霍莱因、波菲尔

与美国后现代派的“游戏性”叛逆相比，欧洲的后现代派（以斯特林为代表）显得较为严肃。他们着力于克服正统现代派（以柯布西耶为代表）的偏向功能主义与国际风格的缺陷，注重场所、乡土与传统。

以詹姆斯·斯特林（James Stirling）与威尔福德（Michael Wilford）的斯图加特新国立美术馆为例，他们用高技术的轻型折板作入口遮阳，用长条式的色砖带提示埃及传统，用鲜红漆的栏杆提示荷兰风格派的习惯手法，给人以一种稳重的感觉，确实是后现代主义的杰作（图12-1，丛书3-85）。笔者访问过他在伦敦泰特美术馆边上增建的克劳尔分馆，也同样给人这种历史的延续感。

图12-1　斯图加特新国立美术馆

笔者对斯特林是很钦佩的，我们曾经邀请他来做学术报告，他也愉快地接受了，后来临时因故未能成行，几年后我们再次邀请，他又高兴地接受了，但临行前忽因心脏病发作骤然去世。笔者十分惋惜，幸运的是他生前向我们提供了不少珍贵的照片，由窦以德先生编写了他的评传，由中国建筑工业出版社出版。

另一位欧洲后现代建筑前驱是奥地利的H.霍来因（Hans Hollein）。他在1980年威尼斯建筑双年展“过去的存在”展览上以“柱式变化立面”分别陈列了5种柱式，可以说是后现代主义“双重代码”的号角（图12-2）。更引人注目的是他设计的奥地利旅行社，大厅内组合了多种旅游地的象征：穹顶象征印度、半柱象征罗马、棕榈树象征美国棕榈泉、铁鸟象征飞机、旗帜象征轮船……这许多象征的组合唤起了人们对旅游的最终目标和意义的领悟，图12-3为霍来因设计的法兰克服现代艺术博物馆。

图12-2　1980年威尼斯双年展，以“柱式变化立面”分别陈列了5种柱式

西班牙建筑师R. 波菲尔（Ricardo Bofill）在巴黎城内外建造了不少大众住宅区，然而他把每个区的外立面都做得富丽堂皇，犹如宫廷，提示人们可以像皇族那样地居住。这也是后现代主义的“布景术”的一例。典型的例子有巴黎郊区的圣康旦新城湖畔住宅（图12-4）。

图12-3　法兰克服现代艺术博物馆

图12-4　圣康旦新城湖畔住宅

十三　解构——屈米的“疯狂”（1980年代）与艾森曼的“加法”（1990年代—）

后现代主义还没有衰落，“解构”（deconstruction）又登场了。其理论先驱是法国的哲学家、语言学家J. 德里达（1950—2004）。他的著作很多，也很难懂。笔者领会他的主要观点是人们要真正理解一个词的意义，必须理解它正反面的阐释，而这种理解又必然是延时的，他称之为“延异”（differance）。他因此反对黑格尔“正、反、合”的辩证法，认为延异使“合”不可能。德里达在建筑界有其同道者，主要是B. 屈米（B. Tschumi）与P.艾森曼（P. Eisenman）。

屈米生于1944年，瑞士／法国双重国籍，他毕业于瑞士苏黎士联邦理工（ETH）学院，以后从事教学及设计。他的成名作是拉维莱特公园（图13-1，丛书4-86），这是密特朗总统巴黎“大工程”的最后一项（1982—1998）。这座“公园”建于现代科技馆对面，屈米在严格布局的方格网上设置了多个用红色型钢组成的异型雕塑，称之为“疯狂物”（la folie）。密特朗对这一称呼极为反感，但屈米坚持自己建筑师的权利

图13-1　屈米：拉维莱特公园

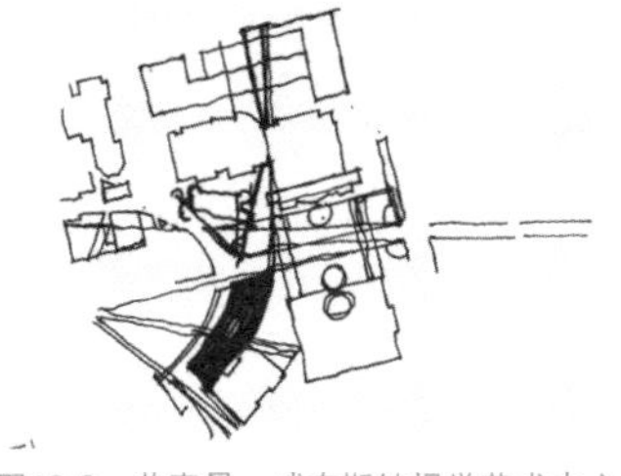

图13-2　艾森曼：威克斯纳视觉艺术中心

图13-3　艾森曼：犹太人纪念馆

不肯更改。这些“非理性”的雕塑与对面的高理性的科技馆恰好成为一组对立物，体现了德里达“解构”和“延异”的思想。

艾森曼（P.Eisenman）是另一位公开宣称自己拥戴“解构”的建筑师。他生于1932年，是1972年著名的“纽约五”（“白派”）成员，与C. 摩尔等后现代主义的“灰派”对立。他早期专心研究探讨住房设计，先后有住房I至XI问世（一位中国建筑师朋友曾不客气地说：“他是在玩建筑”）。后来他转向城市，提出“土地形式（landform）”的主张，他的城市就像一面地毯，躺在自然起伏的地形之上。最后，他与德里达结伴，共同举办“解构”的专题展览。他的“解构”设计，最典型的是建在美国俄亥俄州的威克斯纳视觉艺术中心（1983—1989，图13-2）。弗兰姆普敦分析：“与其是与现存的结构（fabric）相关，他选择以一个随意的方格网强加在城市之上，在方格的交点安插不同大小的他的住房XI”。这似乎是用一种“加法”来解构现有的场所。

他设计的柏林被杀害犹太人纪念馆用整齐排列的大小不同的方墩作为墓的象征，使人在中间行走时，能感受到深深的压迫感和肃穆感（图13-3）。

十四　近现代主义（Late Modern）——既没有死亡，也不是“晚期”

“Late Modernism”被译为“晚期现代主义”，窃以为不妥。“晚期”意味着某人某物已经病入膏肓，行将就木。事实上，late 可以译为“晚期”，也可译为“近期”。以建筑中的现代主义而言，它既没有像C.詹克斯所言，在某年某月某日某时某分死亡，也没有进入生命之“晚期”。相反，它还是生机勃勃，佳作迭出。普里兹克奖从1979年起至今40年余中，现代派获奖者至少占一半。诚然，有的后来转向后现代主义，也不奇怪。

正统的现代派，在设计原则上，始终重功能、重结构、重科技；在设计手法上有所变更，也并不奇怪，可以说这正是其生命力的表现。

为说明不存在“晚期现代主义”，笔者在这里列举了若干风行一时的现代主义建筑大师及其代表作品：

按现代主义的产生地（欧洲、北美）而言：

1. 北美：贝聿铭、迈耶、佩里、萨夫迪、霍尔

贝聿铭（I.M. Pei，美）：1917年生于中国广州，在美国宾州大学及麻省理工学院主攻建筑学。毕业后入哈佛大学设计学院，1955年自立设计所。他于1983 年荣获普里兹克奖。代表作品：美国华盛顿国家美术馆东馆，1968—1978年（图14-1，丛书1-78）。

理查德·迈耶（Richard Meier，美）：1934年生于美国新泽西一个犹太酒商家庭，1957年毕业于康奈尔大学，1963年自立设计所，作品表面常为纯白色，被誉为“白”派。1984年荣获普里兹克奖。代表作品：洛杉矶新盖蒂中心（图14-2）。

西萨·佩里（Cesar Pelli，美）：1926年生于阿根廷图库曼，1954年在美国伊利诺伊大学建筑学院取得建筑学硕士学位。此后在各建筑设计公司就业，1995年荣获AIA（美国建筑师学会）金奖。代表作品：太平洋设计中心，洛杉矶，1975年（图14-3）。

莫塞·萨夫迪（MosheSafdie，加）：1938年生于以色列海法，1954年移居蒙特利尔，1961年毕业于麦克吉尔大学，1964年自立设计所。曾荣获AIA 金奖。代表作品：加拿大国家美术馆、新加坡玛丽那湾休闲中心，住地67（图14-4，丛书1-72）。

斯蒂文·霍尔（Stephen Holl，美）：1947年出生，1970年毕业于华盛顿大学，1976年在伦敦英国AA建筑学院进修并自立设计所。1998年荣获阿尔瓦·阿尔托奖，2000年当选美国艺术院院士。代表作品：麻省理工学院学生宿舍西蒙斯楼，1998—2002年（图14-5）。

图14-1　贝聿铭：美国华盛顿国家美术馆东馆

图14-2　迈耶：洛杉矶新盖蒂中心

图14-3　西萨·佩里：太平洋设计中心

图14-4　萨夫迪：住地67

图14-5　霍尔：麻省理工学院学生宿舍西蒙斯楼

2. 英国、挪威、丹麦：福斯特、拉斯顿、罗杰斯、奇普菲尔德、格林肖、费恩、伍重

诺曼·福斯特（Sir Norman Foster，英）：1835年生于英国曼彻斯特市近郊。父母属工人阶级，以半工半读就学于曼彻斯特大学，靠奖学金在美国耶鲁大学取得建筑学硕士学位，与罗杰斯等成立4人设计所，以威利斯法布尔杜马斯总部大楼一举成名。他于1994年获AIA金奖，1999年获普里兹克奖。代表作品：香港汇丰银行大楼（图14-6，丛书9-69）。

理查·罗杰斯（Sir Richard Rogers，英）：1933年生于意大利佛罗伦萨，1954年毕业于英国AA建筑学院，1962年在美国耶鲁大学获建筑学硕士学位。与同学福斯特等人成立4人设计所。获RIBA（英国皇家建筑师学会）金奖，2007年荣获普里兹克奖。代表作品：巴黎蓬皮杜中心，与皮亚诺联合设计（图14-7，丛书4-77）。

丹尼斯·拉斯顿（Sir Denys Lasdun，英）：1914年生于伦敦，就学于英国AA建筑学院，毕业后在不同的设计所工作。1977年获RIBA金奖。2001年去世。代表作品：伦敦国家剧院（图14-8）。

戴维·奇普菲尔德（Sir David Alan Chipperfield，英）：1953年生于伦敦，1977年毕业于英国AA建筑学院。在福斯特等设计所工作后，1985年自立设计所。2011年获RIBA 金奖，并因柏林德国新馆更新获欧盟当代建筑奖。代表作品：柏林德国新馆更新（图14-9）。

尼古拉·格林肖（Sir Nicholas Grimshaw，英）：1939年生于英国东萨赛克斯，父亲为工程师，母亲为画家。1965年毕业于英国AA建筑学院，与T. 法雷尔合伙设计，1980年自立设计所。2004—2011年为英国皇家艺术院院长。代表作品：伦敦滑铁卢车站，1990—1993年（图14-10，丛书3-100）。

斯凡尔·费恩（SverreFehn，挪威）：1924—2009年。毕业于奥斯

图14-6　福斯特：香港汇丰银行大楼

图14-7　罗杰斯：巴黎蓬皮杜中心

图14-8　拉斯顿：伦敦国家剧院

图14-9　奇普菲尔德：柏林德国新馆更新

图14-10　格林肖：伦敦滑铁卢车站

图14-11　费恩：威尼斯北国展览馆

陆建筑与设计学校。在法国J. 普鲁韦事务所工作两年后于1954年自立设计所，建筑作品有海德马克大教堂博物馆及一些展览及住宅建筑等。1997年荣获普里兹克奖及泰西诺金奖。代表作品：威尼斯北国展览馆，1958—1962年（图14-11，丛书4-65）。

J.伍重（JornUtzon，丹麦）：1918—2008年。代表作品：悉尼歌剧院（图22-3）、巴格斯韦德教堂（图16-1）等。

3. 法国、瑞士：努维尔、波扎姆帕克、屈米、佩罗、平谷森（Pingusson）、博塔、卒姆托

让. 努维尔（Jean Nouvel，法）：1945年出生于法国菲梅勒，父母为

教员。他就学于巴黎国立高级美术学院。毕业后1962—1984年与人合伙设计，1981年参加阿拉伯世界研究中心设计竞赛获胜，声名大扬。后自立工作室，在13个国家开展业务。2008年荣获普里兹克奖。代表作品：巴黎阿拉伯世界研究所，1981—1988年（图14-12，丛书4-85）。

克列斯体安·德·波扎姆帕克（Christian de Portzamparc，法）：1944年生于卡萨布兰卡一个贵族家庭。1970年毕业于巴黎国立高级美术学院。1990年自立设计所。1994年荣获普里兹克奖，代表作品：巴黎音乐城，1984—1995年（图14-13，丛书4-95）。

多米尼克·佩罗（Dominique Perrault，法），1953年出生。1978年毕业于巴黎国立高级美术学院，并取得肖西高级桥梁学校城市规划研究生文凭。2010年荣获法国建筑科学院金奖，2015年被命名为首席桂冠建筑师。代表作品：巴黎国家图书新馆，1989—1995年（图14-14，丛书4-97）。

乔治·亨利·平谷森（George-Henri Pingusson，法），1894年出生，1920—1925年就学于巴黎国立高级美术学院。二战后负责若干地区的住房修建，曾邀请柯布西耶设计人居单元。代表作品：巴黎被驱逐者纪念堂，1961—1962年（图14-15，丛书4-66）。

玛利亚·博塔（Maria Botta，瑞士），1943年出生，就学于米兰美术学院以及威尼斯IUAV。1970年自立设计所。代表作品：瑞士比安希住宅，1972—1973年（图14-16，丛书3-80）。

彼得·卒姆托（Peter Zunthor，瑞士），1943年出生，父亲为家具制造商。1963年就学于当地的工艺美院，1966年去纽约普拉特学院进修建筑学与工业设计。1979年自立设计所。2009年荣获普里兹克奖，2013年获RIBA金奖。代表作品：奥地利布伦根兹艺术馆（图14-17），瑞士瓦斯热浴室，汉诺威瑞士展馆，科恩柯伦巴博物馆，克劳斯兄弟小教堂等。

图14-12　努维尔：巴黎阿拉伯世界研究所

图14-13　波扎姆帕克：巴黎音乐城

图14-14　佩罗：巴黎国家图书新馆

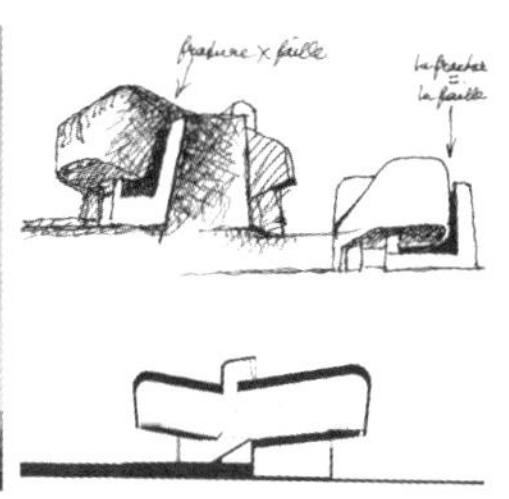

图14-15　平谷森（Pingusson）：巴黎被驱逐者纪念堂

图14-16　博塔：瑞士比安希住宅

图14-17　卒姆托：奥地利布伦根兹艺术馆

4. 地中海国家：罗西、皮亚诺、西扎、莫内欧、庞蒂、波菲尔

阿尔多·罗西（Aldo Rossi，意）：1931年生于意大利米兰。1959年毕业于米兰理工学院。1966年出版《城市建筑学》一书。1971—1975年任瑞士ETH学院建筑系主任，后又在美国康奈尔大学执教。他于1990年荣获普里兹克奖。1997年死于车祸。代表作品：米兰，Galaretese II，1969—1973年（图14-18，丛书4-74）。

阿瓦洛·西扎（AlvaroSiza，葡）：1933年生于葡萄牙马特西诺斯。1955年毕业于波尔图大学建筑系。1992年荣获普里兹克奖。代表作品：葡萄牙波尔图大学建筑学院，1986—1989年（图14-19，丛书4-92）。

拉斐尔·莫内欧（Jose Rafael MoneoValles，西）：1937年生于西班牙图德拉，1961年毕业于马德里理工大学。1996年荣获普里兹克奖，2003年获RIBA金奖。代表作品：西班牙梅里达罗马艺术博物馆，1980—1985年（图14-20，丛书4-84）。

理卡多·波菲尔（Ricardo Bofill，西）：1939年生于巴塞罗那，毕业罗马艺术馆于日内瓦大学。17岁开始设计，23岁自立建筑工作室，建造各类建筑（主要是大型住宅区）100多项。代表作品：西班牙巴塞罗那，瓦尔登7，1970—1975年（图14-21，丛书4-76）

吉奥·庞蒂与安多尼奥·奈维（Giovanni Ponti，1891—1979; Pier Luigi Nervi，1891—1929，意）：庞蒂生于1891年，1921年毕业于米兰科技大学建筑系。1923年开始从事设计。奈维为意大利著名工程师，因创造性设计混凝土结构而知名。代表作品：倍耐力塔楼（Pirelli tower），1956—1961年（图14-22）。

伦佐·皮亚诺（Renzo Piano，意）：1937年出生。1998年荣获普里兹克奖。代表作品：日本关西国际机场（图14-23，丛书9-87）、特吉巴奥文化中心（图16-4，丛书10-100）等。

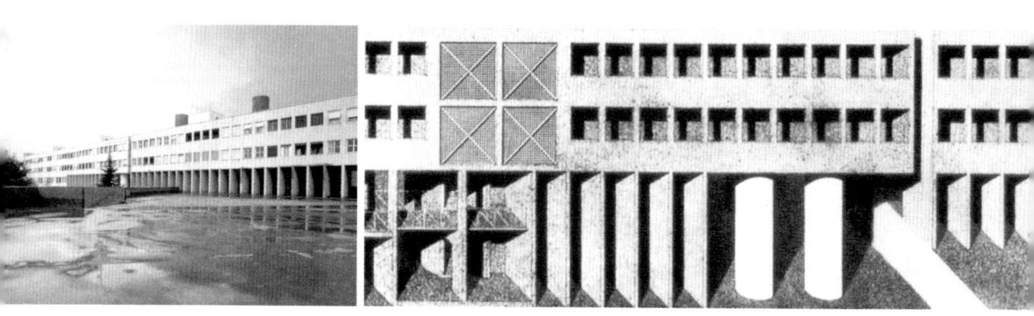

图14-18　罗西：Galaretese II

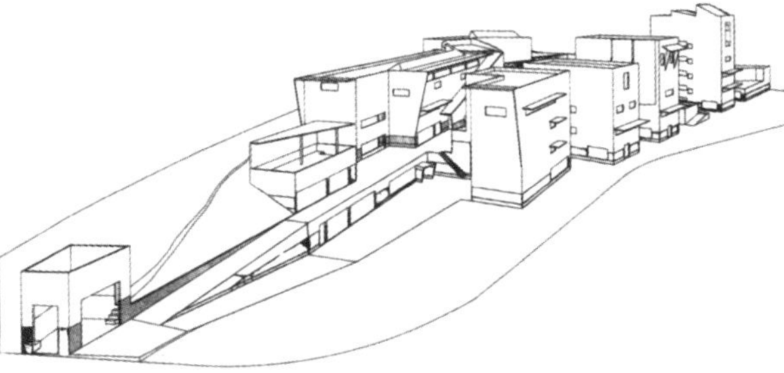

图14-19　西扎：葡萄牙波尔图大学建筑学院

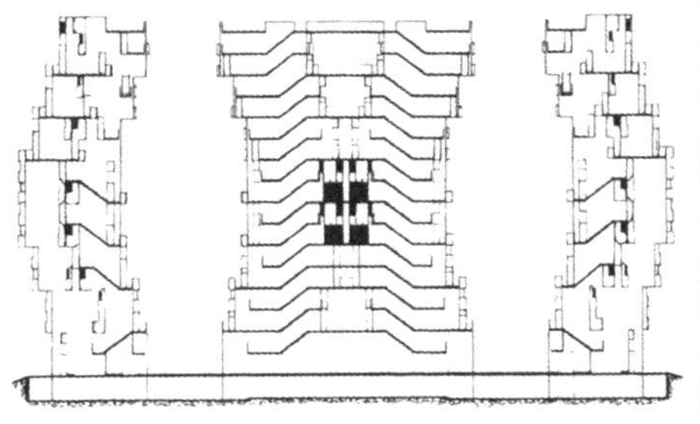

图14-20　莫内欧：西班牙梅里达罗马艺术博物馆　图14-21　波菲尔：瓦尔登7

图14-22　庞蒂与奈维：倍耐力塔楼　图14-23　皮亚诺：日本关西国际机场

从以上多位建筑大师的创作现况来看，根本看不到有什么“晚期”的迹象。笔者仍然认为，这是一个“误译”，应译“近期”为妥（见《牛津词典》）。当然，近期现代主义作品，并不是固定不变的，也有吸取后现代作品中一些手法，也有一些自己的新走向，值得我们探讨。

十五　一段插话

读到这里，喘一口气，小结一下。

20世纪是人类历史中一个重要的世纪。在这一世纪中，人类经历了一次根本性的转变，而建筑是这种转变的一个忠实记录者。

笔者在本书中记录了西方国家十来个建筑流派的创作，他们自觉或不自觉地在推动这一转变，每个流派都起了不可缺少的作用，使100年的历史成为一条不断的河流。

然而，其中起主要作用的是1920年代左右开始、横亘整个后来年代的“现代主义”。有人说它在1970年代死了，后来又改口说没死，但进入“late”阶段了。“late”一般被翻译为“晚期”，笔者认为这是误译，应当译为“近期”。也就是说，它没死没大病，当然在成长中必然有小病有变化，不然就真“死”了。

“现代主义”内部也有派，笔者认为主要有两派：从格罗皮乌斯开始，以密斯—康—柯布西耶为主成一派（或称“机械”派）；以赖特—阿尔托为主成另一派（或称“有机派”）。

“机械”派的代表作可以是密斯在西班牙巴塞罗那设计的“德国馆”（图7-8）。它是哲学和美学的融合。哲学表现在其逻辑性，美学表现在其几何性。人类首次达到了如此的哲—美融合的高度。

“有机”派的代表作可以是赖特在美国熊跑镇设计的“落水别墅”，它是自然与人为的融合。自然表现在它的山水，人为表现在那些悬挑出水面的混凝土板。人类首次体验到可以这样生活在大自然之中（图5-2）。

二者似乎是对立的，但人们已习惯把他们看作一个“派”——一个“主义”。事实上，“现代”就是二者的组合。

“现代主义”（广义的）带来了现代文明，于是有汽车、飞机、摩天楼等，也有大炮、原子弹，发生了两次世界大战和出现无数殖民地。

“现代主义”建筑也不是十全十美的，人们指出它的缺点有：

——强推“国际主义”，蔑视地域文化，于是有“批判地域主义”。

——轻视生态环境，导致全球气候变暖，于是有“生态保护主义”。

——轻视历史传统，大拆大建，于是有“文化遗产保护”。

进入21世纪，又出现一些新的冲击：混沌学、非理性、碎片化、动态化……意味着一个新的时代即将驾临。

——“且听下回分解”。

十六 “批判地域主义”对“普世文明”的抵抗

尽管CIAM 在20世纪中叶因“国际风格”问题上的分歧而分解，但是问题并没有彻底解决。二战后，以柯布西耶为首的“元老”们以及一些大事务所如SOM等继续在拉美和南亚推行他们的“国际风格”。与此同时，在一些民族意识较为强烈的欧美国家（也有人称为“间隙国家”）中也出现一种既反对原封不动地套用“国际风格”，也反对后现代主义等“新”派的设计趋向。欧洲评论家A. 佐尼斯和L.拉法布称之为“批判的地域主义（critical regionalism）”，得到弗兰姆普敦的赞同。

图16-1 伍重：巴格斯韦德教堂

弗兰姆普敦在他的《现代建筑——一部批判的历史》第4版中，用专门一章介绍。在这一章中，他列举了10来位建筑师“批判地域主义”的作品，包括丹麦的J.伍重（巴格斯韦德教堂，1976，图16-1），加拿大的帕特考建筑事务所（草莓谷学校，图16-2，丛书1-96），西班牙的J.A. 柯德尔奇（ISM公寓，1951，图16-3），意大利的R. 皮亚诺特吉巴奥文化中心（图16-4）以及马里奥・博塔（瑞士圣维塔莱河住屋，1972—1973，图16-5）。

图16-2 帕特考建筑事务所：草莓谷学校

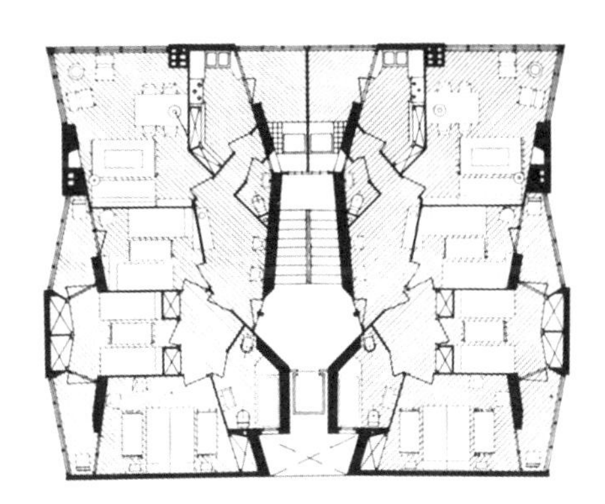

图16-3　柯德尔奇：ISM公寓

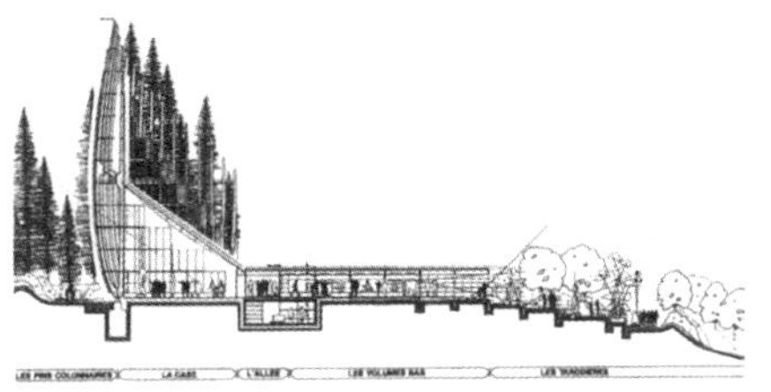

图16-4　皮亚诺：特吉巴奥文化中心

图16-5　博塔：瑞士圣维塔莱河住屋

弗兰姆普敦总结“批判地域主义”的作品的主要特征有[1]：

（1）它拒绝放弃现代建筑解放和进步的方面，又以“碎片化和边缘化”的特性与“早期现代主义的规范性优化和天真的乌托邦思想保持距离”。

（2）它强调的是“使建造在场地上的结构物能建立起一种领域感”。

（3）它“倾向于把建筑物体现为一种构筑现实……还原为一系列杂乱无章的布景式插曲”。

（4）它把“地形视为一种需要把结构物配置其中的三维母体，继而，它注意如何将当地的光线变幻地照耀在结构物上……反对‘普世文明’试图优化空调之类的做法”。

（5）“对触觉的强调与视觉相当……它反对在一个媒体统治的时代中以信息替代经验的倾向”。

（6）它“有时插入一些对乡土因素的再阐释……偶尔从外来的资源中吸取此类因素……试图培育一种当代的、面向场所的文化”。

（7）它“倾向于在那些逃避了普世文明优化冲击的文化间隙中得到繁荣”。

---

[1] 取自《现代建筑——一部批判的历史》，第4版，369-370页。

十七　“现代建筑”的反思性实践——地形、形态、持续性、物质性、人居、公共形式

在后现代主义的反对、批判地域主义的批评中，“正统”现代主义在坚持重功能、重效益、重几何美学的前提下，不断改善自己。弗兰姆普敦称之为“反思性实践”。在《现代建筑——一部批判的历史》第4版中，他在最后一章中专门评介了这种“全球性时代的建筑学”的几项主要的新发展：

（1）地形：他主张“建立一种公共的‘场所—形式’……把领土改善提升为一种新的文化专业的基础……把建造的作品本身作为一种景观来对待”。他提到奥地利建筑师C. 鲍姆施拉格等于1995年在“高山草原上用木质百叶和裸露混凝土横墙的布赫尔住宅中，显示了场地与居住性质之间的共生关系”（图17-1）。

（2）形态：他反对那种“与价值无涉的形状作为终极目标的主张”，肯定了M.福克萨斯（Fuksas）2005年为米兰博览会设计的沿流通路线设置的起伏式玻璃雨篷（图17-2）以及N. 格林肖1993年为伦敦滑铁卢车站中设计的大玻璃屋顶。

图17-1　鲍姆施拉格：布赫尔住宅

（3）可持续性：他指出“建筑环境的能耗在发达国家的总能耗中占到40%”，比较详细地介绍了法兰克福商业银行中厅（图17-3）。

图17-2　福克萨斯：米兰博览会玻璃雨篷

（4）物质性："不论是作为复面或结构形式，砖、石、木等传统材料都是文化的构成物，其内涵意义可以与某一特定的景观、国民性格相联系。"他以简约主义建筑师赫尔佐格（Herzog）与皮埃尔·德梅隆（Pierre de Meuron）为例，在一些"内部空间要求比较简单，使建筑师能将材料处理作为主要的美学存在"，如在赫尔佐格设计的加州的一所酿酒厂中，"其材料的表现力来自用钢丝网定位的各种大小的粗花岗岩石块堆砌的层高石围护"（图17-4）。

（5）人居：除以上这些单项设计手法之外，还需要从宏观角度来提高建筑设计水平，特别是在量大面广的人居和公共建筑方面。他叹息："我们在半个世纪内未能开发出一种可持续的、稳定的人居模式""现在的趋势是中等阶级的生活方式日益成为人们期望的标准，如何创造一种'家'的感觉，而不流于俗套，也不沉溺于怀旧的、与当代生活方式无关的意象中"。

（6）在公共建筑中，"社会群体之自我平衡、和谐的生活方式被商品化"，公共形式"日益削弱"。他提出要"把博物馆当作一个微型宇宙，作为一种凝聚社会的宗教性建筑替代物的潜力"。他列举2006年荣获普里兹克奖的巴西建筑师门德斯·达·洛查（Mendesda Rocha）在圣保罗设计的广场大雨篷为成功的例子（图17-5）。

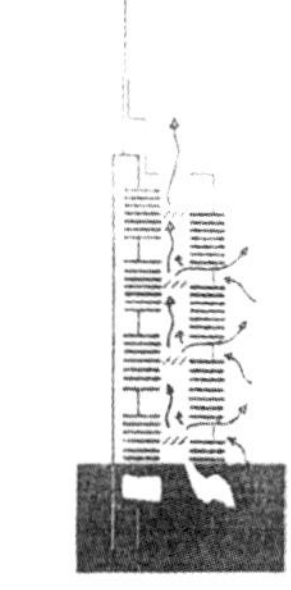

图17-3　法兰克福商业银行中厅

图17-4　赫尔佐格：加州一所酿酒厂

图17-5　门德斯·达·洛查：圣保罗广场大雨篷

十八　新的挑战（一）——B. 屈米的“非理性”（Irrationality）与F. 盖里的“肖像建筑”（Iconic Building）

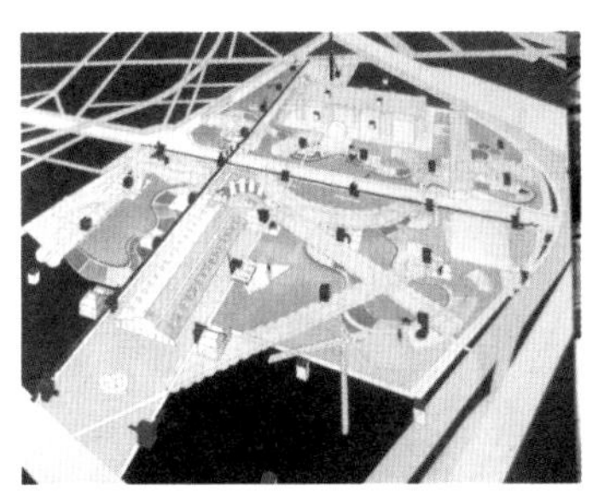

图18-1　盖里：拉维莱特公园平面

“非理性”（irrationality）在建筑中的出现或许可以说是在20世纪末由瑞士建筑师B.屈米首先在密特朗总统的巴黎大工程的尾声——拉维莱特公园开始的（图18-1）。这个公园位于新建的科学城边上，解构学的创始哲学家德立达也参与了方案研究。它以理性的方格布局为基础，却在每个方格网点上设置一个不伦不类的“疯狂物”（les folies）。它让人们刚从高度理性的科学城出来就碰上它，提示人们在我们认识的理性世界之外，还存在着一个我们所不理解的巨大的“非理性”世界。

其实这种“非理性”的建筑表现早已存在，典型的有奥地利的建筑设计所库普·希默布劳（coop Himmelblau，德文直译应是“蓝天组”，但其主持人亲口对笔者表示不希望用此为译名）的作品，如维也纳的煤气罐城（gasometer city）。

当今最著名的“非理性”建筑表现者莫过于美国的弗兰克·欧文·盖里，1929年出生于加拿大，1947年随家庭迁居美国洛杉矶。他年轻时靠驾驶送货车谋生，1954年毕业于南加州建筑学院，在若干事务所工作后，于1967年起自设事务所。其代表作品有：洛杉矶劳尧拉法学院、巴黎路易威登基金会、辛辛那提大学分子研究中心、布拉格舞蹈屋、MIT 斯塔特中心、洛杉矶迪士尼音乐厅、比尔巴鄂古根海姆博物馆等。他于1989年荣获普里兹克奖。

他的早期作品就喜欢用奇异的肖像来强化建筑外观，如用夸大到建筑尺度的望远镜、大鱼等（图18-2）。笔者直接访问过的有劳尧拉法学院（Loyola Law School），盖里用“解构”的手法在校园广场上设置了很多“缺失”，以象征罗马法的缺陷（图18-3）。后来用模拟人体或实物作为建筑肖像，如在西雅图“体验音乐”博物馆建筑顶上设置大型的小提琴形象（图18-4），以及在捷克的布拉格舞蹈屋模拟美国著名舞蹈演员阿斯泰尔与罗杰斯的舞姿（图18-5）被称成为“肖像建筑”（iconic building），风行一时。

此后，盖里干脆转为纯“非理性”肖像的表现者，最典型的是在西班牙比尔巴鄂建造的古根海姆博物馆（图18-6，丛书4-99），建成后参观者蜂拥而至，为城市带来了大量的旅游收入。从此。“肖像建筑”成为摇钱树，笔者在纽约举办的一次盖里作品展中看到几乎所有美国大中城市都请他设计“签名建筑”，以致他忙得不可开交，有的中等城市只能在方盒子建筑顶上打个蝴蝶结敷衍了事。

图18-2　盖里：鱼形雕塑

图18-3　盖里：劳尧拉法学院

图18-4　西雅图体验音乐博物馆的小提琴形象

笔者曾在他设计的洛杉矶迪士尼音乐厅欣赏过音乐演奏，坐在最高位置，发现音响质量极佳，说明建筑师极其聪明能干，把建筑外形“肖像化”（“非理性化”），内部却极其“理性”，讲究功能效果。在这种商品化的设计中，屈米和德里达的哲学用心已经荡然无存了（图18-7）。

盖里的“非理性”比屈米的“疯狂物”又进了一步。屈米的“疯狂物”是整个地“非理性”，而盖里却是“外疯内理”。“外疯”用来招摇，为业主赚钱；“内理”则是功能的需要，不可马虎。因此，盖里是“外里结合”，让非理性与理性共存，这更符合当今世界的现况，也反映人类在新的世纪正要向“非理性”进军的趋势。

事实上，“非理性”的抬头，标志着20世纪现代主义的终结。有三位明星建筑师为我们标志着这一终结。他们就是美国建筑师弗兰克·盖里、伊拉克裔英国建筑师扎哈·哈迪德和荷兰建筑师雷姆·库哈斯（Rem Koolhaas）。

图18-5　盖里·布拉格舞蹈屋

图18-6　盖里：比尔巴鄂古根海姆博物馆

图18-7　盖里：洛杉矶迪士尼音乐厅

十九　新的挑战（二）——Z.哈迪德的流动性

1988年中国香港地区建筑师潘承梓邀请英国建筑师丹尼斯·拉斯顿和澳大利亚建筑师约翰·法罗来北京做报告。这两位国际知名的建筑师刚在香港参与一次设计方案竞赛的评比，他们说在香港的竞赛中发现了一名杰出的青年女建筑师，就是后来誉满全球的扎哈·哈迪德。我们后来知道这位天才女建筑师的发展道路很不平凡，她的设计总是被评委选上，但开发商却发现施工难度很大，成本过高，乃至业主也很难接受。有的项目因此而长期处于僵持状态，这种情况直到后来她在美国做了一个设计优美，施工单位又乐于承担的项目开始转变。乃至以后她的项目即使难以施工也有人要上。她的设计的最大特点就是其流动性。整个建筑本身就像在运动，人在其中的流动感自不待言。一贯认为是“静”的建筑物在她笔下竟变成是“动”的。她的作品散布在世界各地，只可惜她英年早逝，没有给我们留下更多的优美作品。

扎哈·哈迪德（女，1950—2016），出生于伊拉克的一个上层家庭，父亲曾任财政部长。1960年代去英国和瑞士上学，1977年毕业于伦敦英国AA建筑学院，随即在库哈斯的OMA事务所工作，1980年自设事务所。1983年在香港顶峰设计竞赛中得奖（图19-1），1985年在威尔士歌剧院设计竞赛中再得奖，均未能实现。1993年始在德国维特拉企业中完成一个小型消防站，后改为展览室（图19-2）。她的好运在1999年奥地利因斯布鲁克一个跳台设计中开始实现（图19-3）。她的代表作品有美国辛辛那提当代艺术中心（图19-4）、维也纳经济及商务大学图书馆、安特卫普港务大楼（图19-5）、意大利萨勒尔莫航运站等。她于2004年荣获普里兹克奖，2015年获RIBA金奖。

图19-1　哈迪德：香港顶峰设计竞赛

哈迪德的设计以动态著称。她设计的建筑总是在引导用户运动，尽管建筑本身是静止的。她的老师曾格里斯说：她不承认90度。她有时把建筑中的转角做成曲线的，就是强调建筑的运动感。

弗兰姆普敦在评介她于斯特拉斯堡狭小场地上设计的停车站时说："在这里，设计与建造良好地进入道路，辅以铁轨轨迹与停放车辆的壮观模式，缔造了一种既有诗意又高效的大城市三维景观，成为库哈斯所称的哈迪德'行星式城市主义'"。

图19-2　哈迪德：德国维特拉小型消防站

图19-3　哈迪德：奥地利因斯布鲁克的跳台设计

图19-4　哈迪德：美国辛辛那提当代艺术中心

图19-5　哈迪德：安特卫普港务大楼

廿　新的挑战（三）——R. 库哈斯的“策划”以及“多孔通道理论”

R. 库哈斯（1944— ）是荷兰建筑师、建筑理论家、教授。他毕业于伦敦英国AA建筑学院以及康奈尔大学。他与曾格里斯夫妇于1975年创办OMA设计所与AMO研究所，并与M. 威格里与O. 布曼合办《体积》杂志。

图20-1　库哈斯：鹿特丹当代美术馆

他的理论著作有最初的《疯狂的纽约》和《S，M，L，XL（小、中、大、特大）》，以及他执教于美国哈佛大学时的“非城市（non-cities）三部曲”：《突变》（Mutations）、《哈佛设计学院购物指南（2002）》以及《大跃进（2002）》等。

他的代表设计作品有鹿特丹当代美术馆（1988，图20-1）、法国里尔大宫殿，（1991—1994）、葡萄牙波尔图音乐厅（2005，图20-2）、伊利诺伊理工学院麦考米克校园中心（2003，图20-3）、荷兰驻柏林大使馆（2004，图20-4）、西雅图中央图书馆（2005，图20-5）、北京CCTV大楼（2012，图20-6）等。

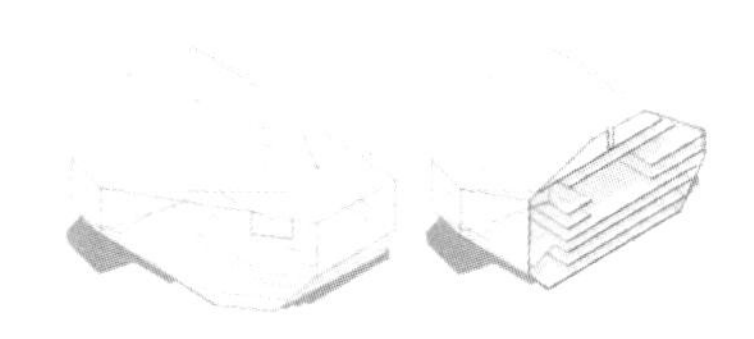

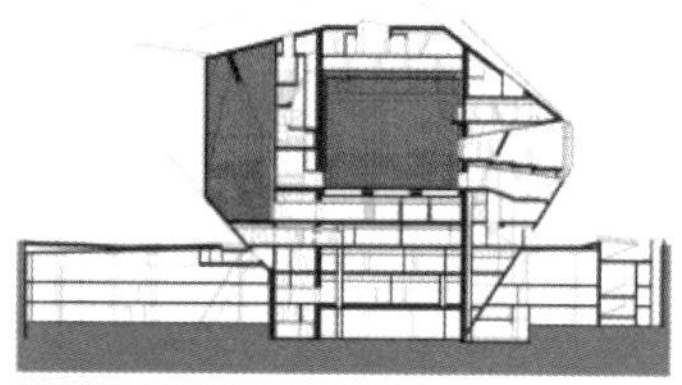

图20-2　库哈斯：葡萄牙波尔图音乐厅

图20-3　库哈斯：伊利诺伊理工学院麦考米克校园中心

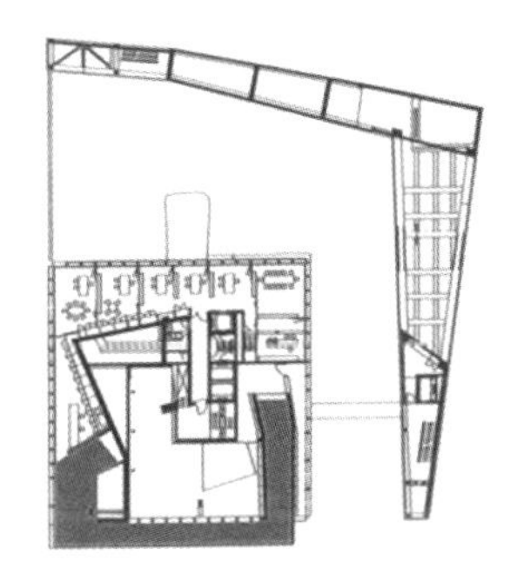

图20-4　库哈斯：荷兰驻柏林大使馆

他于2000年荣获普里兹克奖。2000年《时代》杂志把他列为“全球100名最有影响者”之一。2003年日本艺术院授予库哈斯“高松宫殿下纪念世界文化奖”（Praemium Imperiale）。2004年他获得英国RIBA金奖。

库哈斯建筑理论的一个核心主题就是“策划”（program）。他发展了沙利文“形式追随功能”的主张，认为“策划”就是一种“编辑功能与人的活动的行动”。按照C. 詹克斯的观点，他中期以后的一些作品开创了一种“多孔通道建筑”（porous route building）。特别是在他于2001年设计的七面形葡萄牙波尔图音乐厅（图20-3，本书第卅一节例4）以及2004年以后设计的荷兰驻柏林大使馆（图20-4）与西雅图中央图书馆（图20-5）中，他打破了楼层的界限，用多种形式的通道连接各种形式的空间，大大发展了建筑空间的概念。

图20-5　库哈斯：西雅图中央图书馆

图20-6　库哈斯：北京CCTV大楼

库哈斯在事业开端写的《癫狂的纽约》一书中把曼哈顿形容为一种“堵塞的文化（a culture of congestion）”，对它又赞美又批判。他对摩天楼特别反感，提出要“杀掉摩天楼”。他对北京CCTV大楼的设计就是要在北京修造了“300”座摩天楼后，在第“301”座中提出自己的规劝

（图20-6），使高楼弯腰回到大地。这一设计在中国引起了多种反应，包括极其尖锐的反讽，看来他的设计并不被人们认同，因为很快在CCTV大楼边上又建起了一座更高的摩天楼（中国尊）。

我们这里以“新的挑战”为名，列举了盖里、哈迪德、库哈斯三位“明星建筑师”为世纪转化期的关键人物，因为他们把建筑创作提升到一个新的高度，为新世纪开辟了道路。

盖里把“非理性”引进了创作领域。这里的“非理性”不是独立的存在，而是与“理性”交融在一起的。尽管到现在为止，“非理性”和“理性”还分别处于内外二域，但既然已包含在一个整体里，它们必然会发生交融，这就是处于21世纪的建筑师们的文章了。

哈迪德把“运动性”引进了原来被视为“静止”的建筑。她的建筑好像是一个长跑队员，你走进了这一间，就必然要走到下一间。建筑物由静感到动感，这是一个重大的飞跃。下面的文章又是等待新一代的建筑师去创造了。

库哈斯有好几个理论，笔者最欣赏的是他的“多孔通道理论”。通常，我们都把功能房间视为主角，把通道视为附属的，也就是路易斯·康所说的“服务”与“被服务”的区别。然而对库哈斯来说，通道也成为主角了，就像人体中的血管一样。它与功能房间（空间）处于平等甚至更重要的地位。

非理性、运动性、通道地位，这是三位前辈给21世纪提供的新的平台，让21世纪的建筑师可以做新的文章。而事实上。已经有一些“开路先锋”走上了这一舞台，我们将在本书的第三部分予以论述。

廿一　俄罗斯—苏联—独联体的建筑

俄罗斯横跨欧、亚两洲，但其传统文化主要属于欧洲。

在1917年十月革命之前，俄罗斯处于沙皇专制统治之下，贫富差距明显，富人宅邸十分豪华，革命后多数保留（图21-1，基辅私人宅邸，1903—1911，丛书7-7）。革命后初期政府大厦比较简朴，注重建造工人集体住宅。经济恢复之后，开始建造反映新政权成就的“宏伟”建筑。

图21-1　基辅私人宅邸

1931年首先拆除莫斯科市中心的基督教救世主大教堂，计划建造顶部有列宁塑像，总高超过400米的苏维埃宫（图21-2，苏维埃宫设计方案，丛书7-34），其方案竞赛由建筑师约凡得胜，但直至1956年仍未能实现。苏联解体后，莫斯科市政府于1994年决定重新恢复大教堂。

图21-2　苏维埃宫设计方案

1935年起，在莫斯科修建豪华宫殿式的地铁站（图21-3，莫斯科地铁站一期工程，丛书7-41）。

图21-3　莫斯科地铁站一期工程

二战结束后，重新进入建设时期。1949年起，开始设计建造莫斯科大学，主楼26层，采用俄罗斯民族形式（图21-4，莫斯科大学主楼，丛书7-53）。同时，在

图21-4　莫斯科大学主楼

莫斯科市内建造若干高层建筑，多数为高级官员居住，人称“结婚蛋糕”。

1953年斯大林去世后，中央领导权经反复争夺后由赫鲁晓夫掌权。之后在建筑中取消了豪华风格，开始采用标准构件及工业化施工等“新技术”，典型的是莫斯科市中心的大型百货商场（图21-5，莫斯科百货商场，丛书7-81）。

图21-5　莫斯科大型百货商场

苏联解体后建立的独联体政权开始吸取西方现代主义设计手法，在一些项目中与西方建筑师合作设计，但仍保留俄罗斯的传统语言。突出的有国际合作设计的莫斯科国际银行（图21-6，1991—1994，丛书7-90）以及以Y. 格涅多夫斯基为首设计的“红色山冈”文化中心（图21-7，1995—1998，丛书7-100）较为成功。

图21-6　莫斯科国际银行

图21-7　“红色山冈”文化中心

廿二　澳大利亚、新西兰的建筑

处于南半球热带地区的南太平洋国家，主要是澳大利亚与新西兰，面临一种突出的矛盾。它们是移民国家，正式成立时居民主要来自英国（许多甚至是刑满释放的犯人），带来了“西方”文明，属于“西方”文化的一个分支。但是他们所处的自然环境又决然不同于他们所来自的欧洲（一冷一热），使他们不得不吸取当地土著的建造习惯，即“轻型与非永久”（J. 泰勒）。

经过实践的检验，他们终于懂得在纪念性及权威性的重要建筑中采用厚重的混凝土结构，如卡梅伦办公大楼，见图22-1（丛书10-81），排除高能耗的纯玻璃幕墙建筑；而在单独的住宅建筑中，广泛采用轻型结构，特别是屋盖采用瓦楞铁，如尼可拉与卡鲁瑟斯住宅，见图22-2（丛书10-85）。

当J. 泰勒教授来华做报告，介绍了盛行于澳大利亚的白铁皮屋顶时，中国的有些听众甚至以为她是来推销瓦楞铁皮的。而建筑师格伦·马库特（Glen Murcutt），却正由于吸取土著经验的独创性而赢得普里兹克奖。

图22-1　安德鲁斯：卡梅伦办公大楼，1971—1976年

图22-2　穆尔克特：尼可拉与卡鲁瑟斯住宅，1980年

此外，一望无际的疆土、荒芜的自然环境，又造成了一种与欧洲大陆不同的生活作风，显出一种较为随意、自由的风气。悉尼歌剧院的成功（图22-3），正在于它捕捉了这种气质。因此我们在这里也把澳大利亚、新西兰建筑作为一个“插曲”列入“西方建筑”中。

图22-3　伍重与霍尔、托德、里特莫尔：悉尼歌剧院，1973年（丛书10-80）

澳大利亚、新西兰现代建筑详见图22-4~图22-6。

图22-4 沃伦与马霍妮事务所：克赖斯特彻奇市政厅，1968—1972年（丛书10-79）

图22-5 P.柯克斯事务所：尤拉拉旅游休闲吧，1981—1984年（丛书10-87）

图22-6 米切尔（Mitchell）／乔哥拉（Romaldo Giurgola）等：澳大利亚国会大厦，1981—1988年（丛书10-90）

第二部分

亚洲、非洲、拉丁美洲国家的20世纪建筑

上一部分记录的是“西方”（欧洲、美洲、大洋洲）国家20世纪的建筑艺术发展，这个“西方”占有世界地域的一半以上，在经济上占有绝对优势，在文化（特别是科技）上也有一定程度的“引领”作用，但是在历史、人口上，均不占优势，而且由于习惯于霸道欺凌别人，其文化沾染了深度的污染。而“非西方”则由于人口众多、历史悠久，长久处于被欺凌地位，民族正义感较为强烈，民族文化在总体上处于优势地位。

本来，说各国文化谁家优劣是没有多少意义的。世界各民族应当是平等的，各有长短，应当互相学习，但是长久以来，历史上充满了血腥的斗争，你争我夺。一部人类的历史充满着血腥的争斗。仅以20世纪而言，就发生过两次世界大战和无数次局部战争。二战以后，和平共处、平等相待的思想逐渐占了上风，一些原殖民地、半殖民地国家相继获得独立，世界平衡发生了变化，民族文化在新形势下得到发展。

廿三　日本、朝鲜、韩国的建筑

日本

日本是“东方”国家，在美国炮舰的压力下，开放了门户，实行了明治维新，接受“西方”文化。但是他们经济发展之后，却走上了军事扩张的道路，发动了对华侵略和太平洋战争，以战败投降告终。战后处于美国占领下，经历了“第二次明治维新”，更彻底地“西化”，以致它自己“站队”于“西方”。人们现在谈起“西方”，要包括欧美日。

在建筑领域，20世纪涌现了以丹下健三为首的现代主义建筑师队伍。通过1964年的奥运会以及1970年的大阪博览会，以雄劲的面貌震撼全球。丹下、桢文彦、菊竹清训、黑川纪章、林昌二、前川国男、矶崎新等为骨干，刷新了日本的城市与建筑面貌，随后又出现安藤忠雄、妹岛和世、西泽立卫、伊东丰雄等后起之辈，先后有8位日本建筑师荣获普里兹克奖，傲视全球。

图23-1　赖特：东京帝国饭店，1923年（丛书9-13）

图23-2　丹下健三：东京代代木国立室内综合体育馆，1964年（丛书9-47）

图23-3　黑川纪章：东京中银仓体大楼，1972年（丛书9-52）

图23-4　桢文彦：代官山集合住宅，1969年（丛书9-50）

图23-5　安藤忠雄：住吉长屋，1976年（丛书9-56）

推其原因，一是由于开放，在此之前，不是东方实行封闭政策，就是西方排斥东方文化；二是融和，在开放的环境下，东西方文化在日本真正有了互相融合的机会，它唤醒的潜力把世界震撼了，以致人们至今还无能完全接受。试想如果有一天，基督教与阿拉伯文化能融合一起将是什么状态？

在本书中，我把俄罗斯和日本的20世纪建筑文化作为“插曲”在“西方”建筑文化之后单列出来，它们需要专门研究，而这是在本人能力之外的。

日本现代建筑图照，见图23-1~图23-6。

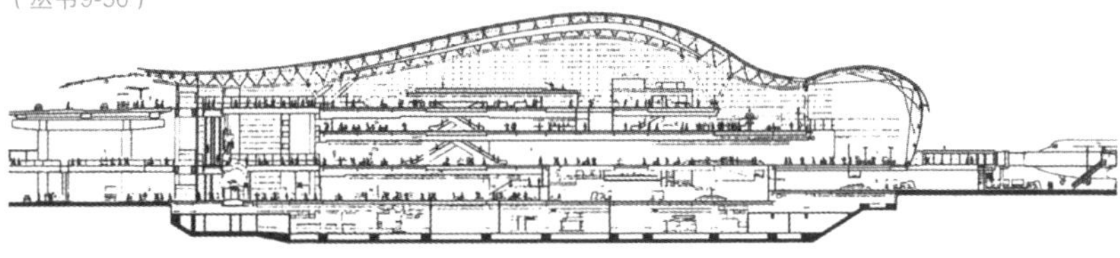
图23-6　皮亚诺+NoriukiOkobe：关西国际机场，1994年（丛书9-87）

朝鲜现代建筑图照，见图23-7~图23-8。

图23-7　平壤火车站，1950年（丛书9-34）

图23-8　白时河：人民文化宫，1981年（丛书9-62）

韩国现代建筑图照，见图23-9~图23-12。

图23-9　李天承：首尔市议会，1935年（丛书9-24）

图23-10　金酒，宾画廊，1989—1990年（丛书9-78）

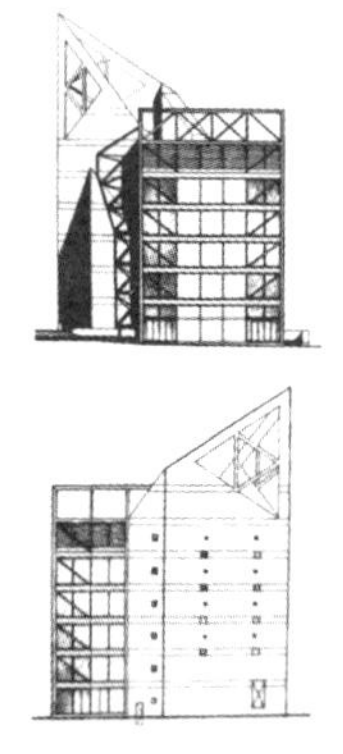

图23-11　曹建永，J&S. 大厦，1984年（丛书9-75）

图23-12　李中昊，杨思哲，巴伦森中心，1995年（丛书9-90）

廿四　拉美国家的建筑

“拉丁美洲”（简称拉美）指的是在美国以南的美洲地区，其面积约2070万平方千米，占地球土表总面积的13%，人口计6.51亿（2018年数据）。有19个主权国家和一个附属领地波多黎各，人口在3000万以上的有巴西、墨西哥、阿根廷、委内瑞拉、秘鲁等国。

拉美土地上早有人类，古老土著文明突出的有阿兹特克（今墨西哥）、玛雅（今危地马拉等）、印加（今秘鲁等地）等。1492年哥伦布发现“新大陆”以后，欧洲殖民势力（主要是西班牙、葡萄牙、法国等）开始侵入，大量移民，残杀土著，侵吞土地等资源，建立殖民地国家，自封为王，多数为西班牙属地，少数属葡萄牙（巴西）及法国（海地）。在19世纪内，多数殖民者通过起义获得独立，成立共和国。

殖民者在掠取土地后，就开始建立城市。他们中有少数建筑师，多数建筑由欧洲本土建筑师承担，他们有的根本不到现场，就按欧洲流行风格设计，把图纸寄到现场，由当地工匠施工（有的还添加某些土著装饰）。后来当地建筑师逐步增加，开始承担主要城市建筑的设计建造，也有一些颇有水平，如墨西哥城的美术宫（图24-1，丛书2-23）等。

图24-1　A.博里与F.马里斯卡尔：墨西哥城美术宫，1904—1934年

按《20世纪世界建筑精品1000件（第2卷 拉丁美洲）》主编J. 格鲁斯堡教授介绍，拉美的建筑风格初期是受欧洲大陆的如新艺术运动和新装饰派的影响。第一次世界大战之后，特别是在柯布西耶的直接影响下，现代主义开始占有优势，突出的有墨西哥的国家心脏病医学院（1937）等。杰出建筑师如路易斯·巴拉甘（Luis Barragán）、奥斯卡·尼迈耶等都具有世界水平，先后在1980年、1988 年荣获普里兹克奖。

除了以上二位之外，格鲁斯堡还特别指出L.科斯塔、C.雷奥、J.莫雷拉、A.E.雷迪、E.迪斯特、R. 雷戈莱多等20世纪30年代以来的创作，认为他们那时就已经在实践“批判的地域主义”。

巴西利亚是一个整体的城市设计，其平面就像一只展翅的大鸟。政权中心就是其头脑。它由立法、行政、司法三权以平面三角形组成。立法（议会）由两座竖立的高柱和一向上一向下的碗形建筑组成，象征民主与集中（图24-2，丛书2-44）。行政以总统府（阿尔沃拉达宫）和外交部（伊塔马拉提宫）为代表。司法有最高法院及司法宫（由潺潺流水代表“人民在哭泣”）。此外还有国家大教堂、大雕塑、总统纪念堂等。再往前是办公楼、商业区和旅馆区（按功能城市等原则把商场和旅馆分别集中在同一区内似乎过于“机械”）。再往下是底层高密度的住宅区和城市公园。笔者在这里拍了不少照片，可惜由于阳光关系，效果不很理想。

图24-2 L. 柯斯塔与O. 尼迈耶：巴西利亚城市建设，1960年

拉美国家现代建筑图照，见图24-3~图24-13。

图24-3　L.科斯塔等（柯布西耶顾问）：巴西教育卫生部大楼，1936—1943年（丛书2-29）

图24-4　O.尼迈耶：潘普利亚娱乐中心，1943年（丛书2-30）

图24-5　P.R.瓦斯奎斯：墨西哥国家人类学博物馆，1964年（丛书2-48）

图24-6　M.帕尼与E.德.摩雷尔：大学城，1952年（丛书2-36）

图24-7　L.柯斯塔与O.尼迈耶：联邦法院与城市教堂，1960年（丛书2-44）

图24-8 E.迪斯特：路尔德斯圣女教，1960年（丛书2-45）

图24-9 L.巴拉甘：埃奇斯塔罗姆住宅与圣克里斯托巴马厩，1968年（丛书2-54）

图24-10 T.贡萨里兹德里昂与A.扎布鲁道夫斯基：墨西哥建筑师协会大楼，1975年（丛书2-61）

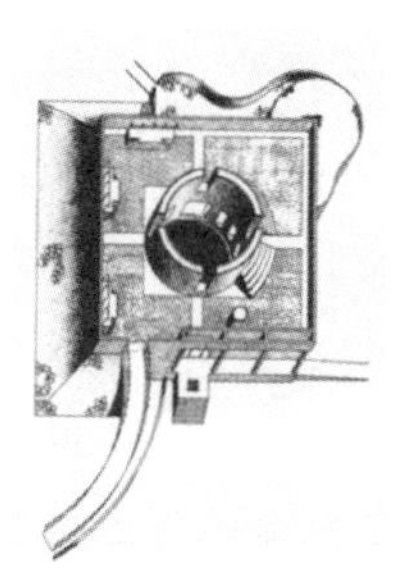

图24-11 M.什杰特南：何奇米科生态公园，1992年（丛书2-84）

图24-12 F.曼特奥拉，等：阿根廷梅尔普拉塔游泳馆集合体，1994年（丛书2-87）

图24-13 R.来戈雷多：阿根廷蒙特雷新里昂大学图书馆，1984年（丛书2-89）

廿五　非洲国家的建筑

美国建筑史学家U. 库特曼将非洲的建筑史分为以下几个时期：

1）前期（1900年以前）

2）殖民主义建立时期（1900—1919）；

3）殖民主义和现代主义时期（1920—1939）；

4）倾向独立时期（1940—1959）；

5）独立斗争时期（1960—1979）；

6）确立一个新非洲的时期（1980—1999）。

我们在这里也沿用他的分期。

“在中部和南部非洲，大多数现有国家的边界是在1884年至1885年举行的柏林会议上划定的。参加这次会议的有英国、法国、比利时和德国在非洲地区的殖民地政权。这次会议导致非洲被‘瓜分’……在‘瓜分’过程结束以后，欧洲人开始在非洲殖民定居……大城市都是仿照欧洲城市做成方格棋盘式城市规划。殖民统治者与当地居民的隔离有计划地造成了白人居住区与非洲传统定居模式的悬殊差别。”

“任何人即使是今天在非洲旅行，也会发现在非洲有两个政府系统同时并存：国家的官方政府和地方统治者（国王、祭司、酋长、首领）的古老部落政府。”（U.库特曼）

笔者记得1980年代有一次在北京听到的报告中说，坦赞铁路施工，除了政府部门批准外，还必须争得当地的“土皇帝”点头，后者更为重要。

在20世纪前半的许多重要建筑，包括政府、议会、教堂、大学等，都是来自欧洲的知名建筑师按欧洲古典传统风格设计的。只有在马里杰内，有一座大型清真寺，是当地工匠特拉奥雷用泥砖筑成的。

值得庆贺的是；从1930年代开始，出现一批当地成长的"本土建筑师"，他们遵循的是现代主义的建筑风格，其中有：R.马丁森、J.法斯勒等（自称"德拉士瓦集团"）以及E.梅、A.G.康内尔、E.N.弗赖伊和J.德鲁夫妇等，树立了一股新风，一直延续到1970年代。

"1960年以后的20年，在非洲是一个充满期望的时期。许多殖民地获得了独立，其中大多数发生在1960年。但是随后不久就产生了倒退……刚果第一任黑人总理卢蒙巴在1961年被杀……非洲许多其他部分燃起了内战的烽火。"

即使这样，进步的步伐没有停止。一个重要的方面是城市规划和建设。"令人乐观的是将城市规划的重点放在新城市的建立上……由殖民地统治者建立在国家边境地区的旧首都被中心地区的新建首都所代替"。突出的例子是意大利规划师M. 多利沃岁在坦桑尼亚、象牙海岸（今科特迪瓦）、加蓬的城市规划以及日本建筑师丹下健三在尼日利亚的城市规划。与新规划相应的是由本土建筑师设计的新议会、法院、大学住宅区等。

U.库特曼写道："在20世纪60—70年代，非洲建筑发展中意义重大的一个成果，是那些既满足了非洲新独立国家的紧急需要，又做到了与非洲建筑传统相结合的建筑设计"。他以1957年的鲍伊斯凯公寓、1962年的阿克拉低级职员住宅、1971年的赞比亚银行职员公寓等为例。

到了1980年代，非洲各国开始进入成熟时期，尽管有的国家内部政局不稳、经济还欠发达，但与世纪初相比，毕竟是大不相同。

非洲与同一世纪取得独立后的中东相比，各有特色。后者凭靠石油致富，许多外国知名建筑师纷纷前来承担重大项目的设计，致使该地区城市和建筑面目一新。但是相对来说，本土建筑师却发展受阻。而前者非洲国家虽也富有珍贵矿藏，却仍然受人欺凌，尽管也有丹下健三之类的大师驾临，但究竟比不上中东，然而却因此授予了本土建筑师发展的机会。所以如果以建筑创作的水平来说，后者固然要略胜一筹，但不如前者令人感到亲切。

库特曼特别列举了一批本土的白人与黑人建筑师。前者有J. 埃利奥特（赞比亚大学）、H. 海伦（蒙戈苏图理工学院）、R.S. 乌依坦伯加德特（南非施泰因科普夫社区中心）、R. 休斯（肯尼亚国家银行总行大楼）、W. 迈耶（南非储蓄银行约翰内斯堡分行）等。黑人建筑师有P.G. 阿特帕（西非国家共同体银行总部）、O. 欧卢姆伊瓦（尼日利亚最高法院建筑群）、W. 索瓦多哥（西非国家银行总部大楼）、D. 缪蒂索（肯尼亚肯雅塔会议中心）等。

值得一提的是本土建筑师对农村地区采用当地传统建筑材料、构筑方法和施工管理模式的关注，如毛里塔尼亚的低造价住宅建设等。

库特曼特别强调指出，那些本土建筑师“显示出一种摆脱僵硬的建筑教条的新自由、一种空间和体量的动态关系，一种由体量、构造和色彩三者并重而创造出来的平衡”，他认为：“从阿特帕和索瓦多哥设计的建筑中，可以看到他们在一个未知领域里的新起点……开始表现变化和运动……这将成为一个新纪元的标志”。㊀

㊀ 本文中引述的U.库特曼的文字均取自《20世纪世界建筑精品1000件（第6卷综合评论）》

非洲国家的现代建筑图照（1960年前），见图25-1~图25-5。

图25-1　贝克：塞西尔·罗德纪念堂，1905—1908年，南非开普敦（丛书6-5）

图25-2　I. 特拉奥雷：大清真寺，1907年，马里迪杰尼（丛书6-6）

图25-3　J. 所罗门：开普敦大学，1918年，南非开普敦（丛书6-10）

图25-4　A. D. 康内尔：阿卡汗社区医院，1956—1963年，肯尼亚内罗毕（丛书6-23）

图25-5　R. 休斯：女子中学小教堂与剧院，1958—1959年，肯尼亚吉库尤（丛书6-27）

非洲国家的现代建筑图照（1960年后），见图25-6~图25-12。

图25-6　J.G.哈斯塔德与D.A.巴拉特：初级职员住宅，1962年，加纳阿克拉（丛书6-38）

图25-7　丹下健三：政府中心，1979—1981年，尼日利亚阿布贾（丛书6-69）

图25-8　L.M.德帕拉伊德：欧纳索尔太阳能研究中心，1982—1985年，尼日利亚尼亚美（丛书6-77）

图25-9　J. 达辛顿；米提亚纳朝圣客中心神庙，1983年，乌干达米提亚纳（丛书6-78）

图25-10　程泰宁：加纳国家剧院，1985—1992年，加纳阿克拉（丛书6-81）

图25-11　P.G. 阿特怕：西非国家经济共同体银行总部，1987—1992年，多哥洛美（丛书6-86）

图25-12　皮尔斯：混合开发建筑群，1991—1996年，津巴布韦哈拉里（丛书6-96）

廿六　南亚国家的建筑

《20世纪世界建筑精品1000件（第8卷南亚）》主编R. 麦罗特拉建筑师指出：南亚国家（印度、巴基斯坦、孟加拉、阿富汗、斯里兰卡、尼泊尔、不丹、马尔代夫）“一千年来一直保留着各自独特的面貌”。20世纪初，英国人统治了南亚，提出要“明确地显示我们的存在，并将永远为该国家的民众所接受”。他们把宗主国的古典宫廷建筑强加在殖民地人民头上，其中突出的建筑师是英国的E. 勒琴斯。在此期间，圣雄甘地一直领导人民抵抗殖民统治。

二战以后，南亚国家相继独立。欧美的现代国际建筑风格也传入，最突出的是CIAM 的主持人勒·柯布西耶。他被印度总理尼赫鲁请去为昌迪加尔设计建筑群，目的是要显示印度的民主政治。柯氏还在当地设计了一批私人住宅，但是对当地建筑的发展影响有限。相反，从1960年代开始，南亚涌现了一批自己的建筑师，其中杰出的有印度的多西、柯利亚、里瓦尔、巴基斯坦的米尔扎、斯里兰卡的巴瓦、孟加拉的伊斯兰姆等。

除柯布西耶外，美国的路易斯·康也被邀请到孟加拉进行设计。他比较注意采用地方材料，适应当地气候，效果较好。

南亚突出的本土建筑师有斯里兰卡的杰弗里·巴瓦，被喻为“国宝”。他开始是一名律师，但热爱本国的山山水水，于是去英国AA建筑学院主攻建筑学，学成回国已38岁，承担了议会建筑群以及一批学校和住宅等的设计，声名大振。

孟加拉的M.伊斯兰姆（Muzharul Islam，1923—2012），就学于美国耶鲁大学和英国AA建筑学院。回国后在1960—1970年代承担了一批学校和住宅设计。他还主动邀请一批外国知名建筑师，如：路易斯·康、R. 诺伊特拉、K.多西亚迪斯等来孟加拉设计，表现了开放的姿态。

本土建筑师最集中的当然是印度，著名的有B.V.多西、C. 柯利亚、R. 里瓦尔、F.萨巴等。

B.V.多西（Balkrishna Vithaldas Doshi，OAL，1927—），他于1951—1954年在巴黎勒·柯布西耶工作室实习。1955年回国自设环境设计所，曾与路易斯·康在IIM 印度管理学院合作。其代表作品有印度CEPT建筑学院、班加罗尔IMM印度管理学院、阿利尼亚低造价住宅区、桑迦特工作室等。2018年荣获普里兹克奖。

C. 柯利亚（Charles Mark Correa，1930—2015），在孟买大学毕业后，于1949年去美国密歇根大学及麻省理工学院学习。1958年在孟买自设事务所。其代表作品有甘地纪念馆、国家工艺馆、贾瓦哈尔艺术中心、英国文化协会总部以及美国MIT大脑研究院、盐湖城市中心、葡萄牙昌帕利贸德无名英雄中心等。1970—1975年，被任命为200万人口的新孟买市总建筑师。1985年被任命为全国城市规划委员会主席。1984年获英国RIBA金奖。2015年因病去世。曾多次来华进行学术交流或参加设计评选。

图26-1　E.勒琴斯：总督大厦，1931年，印度新德里（丛书8-21）

图26-2　C.柯里亚：甘地纪念馆，1958—1963年，印度艾哈迈达巴德（丛书8-46）

R. 里瓦尔（Raj Rewarm，1934—）。1951—1954年就学于新德里的德里建筑学校，毕业后移居伦敦，在英国AA建筑学院学习一年后，入布里克斯托尔建筑学校（1956—1960）。毕业后在巴黎实习一年后回国开业，其代表作品有亚运村、国会图书馆、NCBS（全国生物科学研究中心）、罗塔克建筑学院（任该校学术委员会主任）等。曾应邀来华做学术报告。

南亚现代建筑图照（1960年前），见图26-1、图26-2。

南亚现代建筑图照（1960年后），见图26-3~图26-10。

图26-3　B.V.多西：CEPT建筑学院，1966—1968年，印度艾哈迈达巴德（丛书8-51）

图26-4　M. 伊斯兰姆：达卡大学国家公共管理学院，1969年，孟加拉达卡（丛书8-53）

图26-5　L. 贝克尔：劳约拉女研究生宿舍，1970年，印度（丛书8-55）

图26-6　B.V. 多西：桑迦特工作室，1979—1981年，印度艾哈迈达巴德（丛书8-66）

图26-7　R. 里瓦尔：印度新德里亚运村，1982年（丛书8-71）

图26-8　C. 柯里亚：干城章嘉公寓，1983年，新德里（丛书8-72）

图26-9　帕也特：阿卡汗医院，1972—1974年，巴基斯坦，（丛书8-78）

图26-10　N.A. 达达：阿汉姆拉艺术委员会，1976—1992年，巴基斯坦，拉合尔（丛书8-95）

廿七　东南亚国家和南太平洋岛国的建筑

东南亚的近代历史可以第二次世界大战为分界线。此前为英法等国的殖民地，战后先后取得独立，并相互结盟，成立“东盟10国”，即缅甸、泰国、马来西亚、文莱、新加坡、越南、老挝、柬埔寨、印度尼西亚、菲律宾。

在被殖民化之前，这些国家有自己的乡土文化。泰国建筑师S.朱姆赛依称之为“水生文明”，往往“以受拉材料为基础”。在殖民化以后，就以宗主国的建筑风格为主，但也有少数设计较好的例子，如万隆理工学院的礼堂（丛书10-5）和私人住宅（伊索拉公寓，丛书10-13）、越南大叻的叶尔辛学校（丛书10-14）等（图27-1~图27-3）。

图27-1　H.M.庞特：万隆理工学院礼堂，1920年

图27-2　W. 休梅克：伊索拉公寓，万隆，1933年

图27-3　J. 拉基斯奎特：叶尔辛学校，1934—1935年

第二次世界大战后，这些国家先后取得政治独立，并逐步发展到经济和文化独立。职业建筑师队伍开始形成，不少是曾留学欧美的，受欧美建筑思想，特别是现代主义的影响。据新加坡林少伟建筑师分析，这些建筑师在一些带纪念性的建筑中，喜欢显示一种英雄主义的气概。典型的有吉隆坡的国会大厦、马尼拉的文化中心和艺术中心乃至清真寺等。在市中心，出现不少“西洋”式的银行和公司大厦，显出现代气息（图27-4~图27-10）。

图27-4　W. I. 席普里：国会大厦，吉隆坡，1957—1960/ 1960—1963年（丛书10-12）

图27-5　马来亚建筑师事务所：国家清真寺，1963/1966—1967年（丛书10-25）

图27-6　L.V. 洛克辛：菲律宾国家艺术中心，拉古娜，1976年（丛书10-27）

图27-7　I.V. 洛克辛：菲律宾文化中心，马尼拉，1969年（丛书10-32）

图27-8　卡斯图里事务所：五月银行大厦，1979/1982— 1987年（丛书10-38）

图27-9　林少伟等:. 金里程建筑群，1973年（图10-31）

与此同时，他们也重视民众住宅的建造，特别是新加坡的三期民居建设、柬埔寨的西哈努克城等。与大众住宅同时，私人住宅和公寓也较有特色（图27-11~图27-13）。

图27-10　杨经文：美新尼亚加大厦，1989—1991年/1990—1992年（丛书10-41）

图27-11　SIT：新加坡中峇鲁组屋，1941年（丛书10-17）

图27-12　J. 林倬生：华联住宅，1982/1983—1984年（丛书10-35）

图27-13　V. 波迪盎斯基等：西哈努克城，1963—1964/ 1964—1965年（丛书10-24）

图27-14　W.林：中央商场，吉隆坡，1985—1986/1987—1988年（丛书10-39）

图27-15　居鲁兰仓+希尔：达泰旅游村，1993年（丛书10-44）

此外，随着经济文化的发展，各种特色的旅游建筑和商业建筑也较为成功。新加坡的商场一条街和船码头保护区成为城市的“签名建筑”（图27-14~图27-17）。

到20世纪后期，东南亚国家已经不满足于在国际舞台上充当次要角色的地位，而是想力争发挥更大的作用。事实证明，他们也确实有能力在某些领域起头等作用。新加坡虽然是一个很小的城市国家，却在“亚洲四小龙”中居于首位。

图27-16　索家诺.拉赫曼：苏加诺—哈达国际机场，雅加达马，1985年（丛书10-36）

图27-17　新加坡船码头保护区，1994年（丛书10-49）

在泰国，建筑师朱姆赛依设计的科学馆和机器人大厦（图27-18、图27-19）充分表现了所在国的雄心壮志。

在马来西亚，美国建筑师西萨·佩里设计的石油双塔傲立亚洲（图27-20）。

更值得注意的是，由马来西亚建筑师杨经文（ken Yeang）设计的高层生态建筑（图27-21），取得了世界性的好评，获得中国梁思成建筑奖。

这一切说明，东南亚国家在国际事务中将起到越来越重要的作用。

图27-18　S.朱姆赛依：科学馆，曼谷，1976—1977年

图27-19　朱姆寨依，机器人大厦，曼谷，1986年

图27-20　C.佩里：吉隆坡石油双塔

图27-21　杨经文生态建筑

南太平洋岛国

南太平洋地区地域辽阔。这里，除澳大利亚和新西兰外，共有27个国家和地区，其中包括巴布亚新几内亚、斐济、萨摩亚、汤加、瓦努阿图等。这些国家和地区由1万多个岛屿组成。这些岛屿分属美拉尼西亚、密克罗尼西亚、波利尼西亚三大群岛区，它们或大或小，宛如一颗颗璀璨的珍珠镶嵌在浩瀚蔚蓝的洋面上。

图27-22 维梯亚设计事务所与斐济政府建筑师：斐济国会大厦，1992年

位于新喀里多尼亚努美阿的让—马利·特吉巴欧文化中心是法国政府向卡尔纳克族争取独立的领袖（1980年代中被刺杀）表示敬意所建。意大利的R. 皮亚诺在设计竞赛中得胜。它有力地提供了和平的象征（图16-4）。

图27-23 太平洋建筑师事务所：南太平洋委员会总部，1993—1994

南太平洋岛国现代建筑图照详见图27-22、图27-23。

廿八　中、近东国家的建筑

这里所述及的“中、近东”有15个国家：巴林、伊朗、伊拉克、以色列、约旦、科威特、黎巴嫩、阿曼、巴勒斯坦、卡塔尔、沙特阿拉伯、叙利亚、土耳其、阿联酋和也门，涉及三大宗教：犹太教、基督教和伊斯兰教。

《20世纪世界建筑精品1000件（第5卷 中近东）》主编、建筑史家H.U.汗把这一地区的建筑发展分为四个时段进行回顾分析：

1901—1920年：从殖民统治和帝国统治中脱颖而出；

1921—1940年：现代主义对独立和民族主义的影响；

1941—1980年：地区性和特色的表现；

1981—1999年：伊斯兰化与折衷主义。

事实上，我们可以世纪中作为分界线来认识中、近东的建筑发展。前一时期是一战后奥斯曼帝国崩溃、英法殖民国家趁机而入，到二战后中、近东才真正取得独立。在这一时期中，其建筑也完成了从奥斯曼建筑到现代主义的转变。

图28-1　伊斯坦布尔瓦基夫汉尼四号楼

这里有两张照片特别值得注意：

一是伊斯坦布尔瓦基夫汉尼四号楼，这是一栋6层高的商业楼（图28-1，丛书5-7），内有商店和办公用房（1911年设计，1926年才建成）。建筑师K.贝伊（Kemalettin Bey，1870—1827）是土耳其近代民族建筑风格创始人之一。

二是肖肯公馆（图28-2，丛书5-19），由住宅及办公图书馆两栋建筑组成（1933年）。荷兰犹太籍建筑师E.门德尔松，当时已在欧洲以其大胆的表现主义风格闻名。

图28-2　肖肯公馆

这两栋建筑分别代表了本土的奥斯曼风格以及外来的现代主义风格。具有时代意义。

在中、近东，现代建筑风格在二战以后已经占有主要地位。在20世纪50—60年代，我们可以看到有两个平行的方向：一是外国（特别是欧洲）的建筑师前来承担设计；二是一些国家自己的建筑师登上设计舞台。前者如在伊拉克，柯布西耶设计了一座体育馆，格罗皮乌斯设计了巴格达大学。后者除以色列外，土耳其、伊拉克、伊朗都有一些本国的建筑师在设计竞赛中取胜。

关于柯布西耶为伊拉克设计体育馆事，笔者有一些亲身经历。在20世纪70年代中期，笔者在西北建筑设计院工作，得到外经贸部下达的一项援助伊拉克建体育馆的经援项目，由陕西省体委与西北院派考察组前往。到达后，才知道伊方已请柯布西耶做了设计，想用中国的援款建造。当时中方不同意，说要用援款就得由我们设计，伊方也同意了。笔者当时在伊拉克考察中惊奇地发现他们很有钱，就施工而言，其国营建筑公司的装备远胜于我们，也有一定的勘察设计力量。但既然上级下达了任务，我们也努力完成。而在我们完成了全部施工图后，外经贸部以伊方“有钱”说服对方撤销了这个项目，结果听说伊方用自己的钱建造了柯布西耶的设计。

从1970年开始，可以看到，中、近东地区，除北部的土耳其、两伊（伊朗在巴列维下台后）、以色列、巴勒斯坦等之外，南部各产油国家所有较大的项目几乎全由欧美国家的名牌建筑师承担。他们的设计，除在气候方面考虑热带条件以及有时用帐篷等材料来表示“地方特色”外，几乎完全是推行“国际性”的样板。本土的建筑师主要致力于住宅建设及一些中小民生项目。整个设计市场似乎完全“国际化”了。

中、近东国家的20世纪建筑图照，见图28-3~图28-12。

图28-3　重建设计者：M.赖斯公司：埃米尔宫（改建为国家博物馆），1972—1977年（丛书5-2）

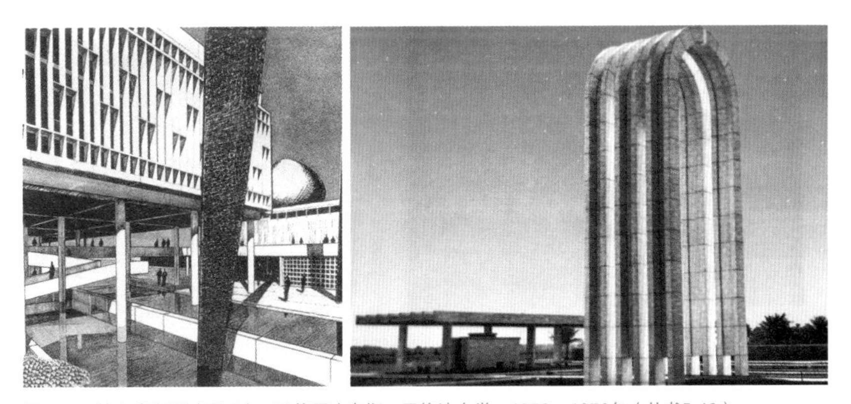

图28-4　协和事务所（TAC），W.格罗皮乌斯：巴格达大学，1958—1970年（丛书5-40）

图28-5　VBB事务所；M.布约恩：科威特水塔，1969—1976年（丛书5-54）

图28-6　J.伍重：国民大会堂，1972—1983年（丛书5-57）

图28-7　DAZ建筑与规划事务所，等：舒什塔尔新城，1974—1980年（丛书5-61）

图28-8　Y.雷希特，A.雷希特：东塔皮奥特集合住宅，1978—1982年（丛书5-76）

图28-9　H.拉森：外交部，1980—1984年（丛书5-77）

图28-10　迪辛与威特林事务所：伊拉克中央银行，1981—1985年（丛书5-80）

图28-11　克龙、哈廷与拉斯穆森事务所（KHRAS），等：国家博物馆，1982—1989年（丛书5-84）

图28-12　J.图坎事务所，等：市政厅，1994—1997年（丛书5-100）

廿九　中国的建筑

20世纪内，变化最大、影响最深远的要算是中国了。中国不仅从半殖民地的状态中解脱，而且把自己建设成全球“第二大经济体”。这种变化，不能不反映在建筑中。

在19世纪，世界列强纷纷侵入中国，攫取领土，操纵政权，垄断经济，还无孔不入地扩散自己的文化。最狂妄的是日本，把我国台湾完全掌握在自己手中。其他如美、英、法、德、俄等都通过划出“租界”等作为自己的变相领土，建造自己的银行、娱乐场、酒店、兵营、公馆、教堂乃至学校。

在这种情况下，中国人民并没有屈服，特别是1911年的辛亥革命，推翻了保守腐败的清朝，建造了一批自己的纪念和文化建筑（如南京中山陵）、自己的学校和继承本国传统的住宅（如北京的四合院、上海的石库门）等。

中国20世纪建筑图照（1949年以前）见图29-1~图29-8。

经过艰苦的斗争，中华人民共和国在1949年诞生，在三年恢复和第一个五年计划后，已经建立了自己独立的政治、经济和文化体系。国庆十周年时建造的“十大建筑”，向全世界展示了自己的新面貌。与此同时，也建造了大批新工厂、住宅、医院、学校及各种文化建筑。从风格来说，那些纪念性建筑或可称之为“中国新古典主义”；而那些为大众生活服务的建筑（住宅、医院等）或可称为“中国新功能主义”。

与此同时，我国港澳台的人民与内地（大陆）人民一条心。台北修建了台北中山纪念馆，以表示对中国革命领袖孙中山先生的深切怀念。澳门改建了本土城标圣保罗教堂（“大三巴”）的立面并加添了地下博物馆。台湾与港澳都有新的建筑问世，如香港的文化中心和台北的宏国大厦，都很有特色。

图29-1　德国总督官邸，青岛，1907年

图29-2　总督府，台北，1906—1919年

图29-3　上海南京路街景，1926—1934年

图29-4　上海跑马厅

图29-5　上海马勒住宅，1936年

图29-6　上海渔阳里石库门住宅，1914年

图29-7　H.W.墨菲：燕京大学，1921—1926年

图29-8　吕彦直：南京中山陵，1925—1929年

经济的发展也表现在香港的汇丰银行和中国银行的相继建造。建筑师均是国际顶尖的艺术家、普里兹克奖的荣获者：N.福斯特和贝聿铭。这两位建筑大师作品的并列（既有竞争、又有配合），显示了中国香港地区的国际地位。

笔者曾经在RIBA（英国皇家建筑师学会）做过一次报告，对照福斯特和贝聿铭在香港的两所银行大楼的设计，我说福斯特是“财大气粗”，为了显示汇丰银行的财富，做得特别气派，并运用了高新技术，不失雄伟；而贝聿铭则十分聪明，他不和福斯特比财富，而是比机智。他的中国银行就像一株竹树，以柔克刚，显出中国特色。报告后，一位英国听众对我表示赞同，他说去过中国，看到过中国的竹树和柳树，同意我说的，以柔取胜。

1997年香港回归，设计建造了一个会议中心，回归的仪式就在此会议中心举行，由知名的王欧阳事务所设计。在海边的屋顶呈波浪形，也是柔的形象。

20世纪80年代在中国是改革开放年代。大门一开，世界各国的游客纷至沓来，在建筑上正是旅游建筑风靡一时的年代。由贝聿铭设计的北京香山饭店、戴念慈设计的山东阙里宾舍、佘畯南设计的广州白天鹅宾馆北中南三足鼎立，各有千秋，显出中华文化的多样性。除了宾馆之外，中国同时建造了为数众多的大中型图书馆、稳如泰山的亚运会体育建筑，还有在传统四合院基础上增建的菊儿胡同，都牵引了众多的创作思路。在一些唯利是图的开发商和短视的人员的推动下，北京宁肯走拆除旧城搞高层住宅的路子，使菊儿胡同仅以取得若干国内外奖项收场。

到了20世纪90年代，建设事业依然繁荣，但是出现一种值得警惕的走向，就是“崇洋”之风开始蔓延，以致中国开始有些类似中、近东的味道。诚然外国建筑师的作品，有的确实是值得称道的，也有的实在也“不过如此”，或纯粹“以怪取宠”。当然，对它们的评价可以不同，甚至对立，但是确实有一种潜在的势力，只迷信洋人设计，看不起国人的创作（诚然，我们自己的作品也确实有不足之处，业界的风气也有缺陷，需要有“综合治理”的方针）。所以归根结底，要靠我们自己来创造新文化。我在国外做报告时，往往放陆家嘴的幻灯。第一张是几年前，一片荒地；第二张是现在的陆家嘴，高楼林立。台下总是发出一片惊叹声，但我仍认为陆家嘴代表了今天中国一段时间建筑的精神，但并不代表中国的建筑走向。

中国20世纪建筑（1949年以后）图照见图29-9~图29-33。

图29-9　赵冬日、张镈：北京，人民大会堂，1958—1959年

图29-10　林勒义：北京电报大楼，1958年

图29-11　张镈，等：北京民族文化宫1958—1959年

图29-12　华揽洪、付义通：北京儿童医院，1954年

图29-13　陈嘉庚，等：厦门集美学村，1934—1968年

图29-14　梁思成、张致中：鉴真纪念堂，1973年

图29-15　齐康，等：福建武夷山庄，1983年

图29-16　王大闳：台北中山纪念馆，1968—1972年

图29-17　何弢：香港艺术中心，1973—1977年

图29-18　李祖源：台北宏国大厦，1986—1990年

图29-19　C.达.格拉伊：澳门圣保罗教堂重建与博物馆，1990—1996年

图29-20　N.福斯特：香港汇丰银行，1979/ 1982—1986年

图29-21　贝聿铭：香港中国银行，1982/ 1985—1989年

图29-22　王欧阳；香港会议中心，1993—1997年

图29-23　杨芸、翟宗璠、黄克武：北京图书馆，1989年

图29-24　关肇邺、叶茂烈：清华大学图书馆新馆，1991—1994年

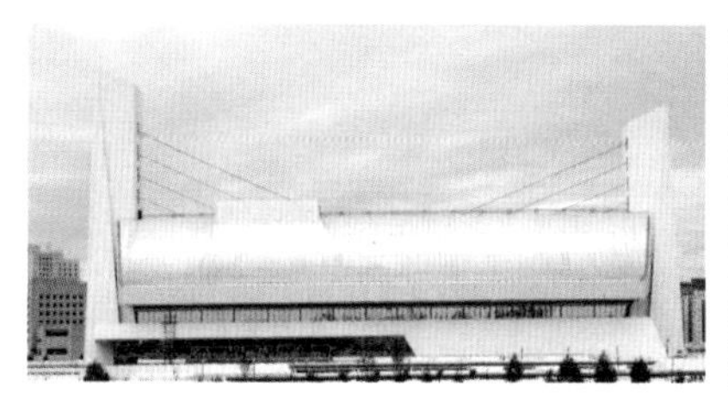

图29-25　马国馨，等：国家奥林匹克体育中心游泳馆，1989年

图29-26　贝聿铭：北京香山饭店，1981年

图29-27　戴念慈、傅秀蓉：阙里宾舍，1986年

图29-28　佘畯南，等：广州白天鹅宾馆，1983年

图29-29　吴良镛，等；北京菊儿胡同新四合院，1994年

图29-30　上海规划院，等：浦东陆家嘴贸易区建筑群，1995—1998年

图29-31　（法）夏邦杰：上海大剧院，1998年

图29-32　（荷）库哈斯：北京中央电视台

第三部分

21世纪的当代建筑

卅 21世纪的当代建筑概述

人类进入21世纪已经有20年了。建筑界有人把这段时间的建筑创作称为“当代建筑”，研究它与20世纪创作的异同。建筑创作是否进入了一个新的时代，就像20世纪的“现代主义”脱胎于“古典主义”那样？这需要有时间来证明。20世纪的“包豪斯”，是格罗皮乌斯在20—30年代创办的，而他们创导的“现代主义”，要到20世纪中才开花结果。看来21世纪如果要有质的飞跃，恐怕也需要大约半个世纪的时间。但是我们仍然可以在近20年的实践中，看到一些趋势或线索。

美国维基百科全书中有“当代建筑（contemporary architecture）”这一条目，编撰者按13个建筑领域（博物美术馆、音乐厅、摩天楼、居住建筑、宗教建筑、体育建筑、政府建筑、大学建筑、图书馆、商场与零售店、交通建筑、桥梁、生态建筑）收集了近20年内建成的有代表性的84个建筑实例，并进行了评述，很有启发价值。笔者就这些实例做了些探讨，初步体会如下：

从84例中设计项目得选2例以上的10名建筑师和1家设计公司，就可以明显地看到有两个梯队存在。第一梯队是20世纪就已经成名的“明星建筑师”（7名：福斯特、盖里、哈迪德、库哈斯、皮亚诺、努维尔、SOM）。从这7位中又选了三位最有代表性的，即盖里、哈迪德和库哈斯。他们尽管各有其独创性，却十分显然地继承了其前辈的衣钵，成为当代的“元老”。而余下的构成第二梯队的4位，却更明显地代表了新的一代，所以笔者称之为“当代建筑”的“开路先锋”。他们是赫尔佐格与德梅隆、里布斯金、斯诺赫塔、卡拉特拉瓦。

（一）21世纪开端的三位“元老建筑师”——盖里、哈迪德、库哈斯

先从第一梯队说起：盖里是在20世纪已经红得发紫的大明星了。他先是用夸张的手法把庞大的望远镜或大鱼与建筑并立，然后借助于一组飞机软件来生成奇奇怪怪的形体，用闪闪发亮的钛合金壳板替代建筑物的传统墙体。这当然是很革新的，但人们总不会把它们作为一般建筑物的形体看待。笔者赞赏的是两项：一是在洛杉矶的劳尧拉法学院（图18-3），另一项是迪士尼音乐厅。

劳尧拉法学院：笔者是从一扇未上锁的侧门溜进去的。但笔者在学院中观察时，被一位巡视的值班员发现了，他问我是不是建筑师，当笔者肯定后，他非但没有把我赶出去，反而说，“你就在这里好好看吧”。笔者于是确实“好好”地看了一下学院的中央广场及其周边的建筑，发现了一个“缺”字，原来这里的建筑都是有“缺陷”的，或少个胳膊，或缺半条腿，于是体会它指的是现有法制的“漏洞百出”，学生在这里学习法律，需要领会现有法制中的漏洞。于是笔者带了新鲜的认识离开了这座学院。

若干年后，笔者又有机会在洛杉矶访问盖里的另一座“名著”——迪士尼音乐厅。它那弯弯曲曲的表面或许象征着音乐的流动性。但我们进入内部时，却发现它的内部设计是十分严谨和规则的。笔者坐在最高一排，发现这里听到的音质十分美妙。据说建筑师说过，他要使每个座位都听到同样的音质，不禁使人肃然起敬（图18-7）。

笔者在21世纪初恰好有机会到埃及参加一个会，本想去比尔巴鄂“朝拜”一下不远的古根汉姆博物馆（图18-6），恰好遇到同来开会的两位犹太建筑师，刚从那面回来，连声说：“去不得，太贵了”。笔者摸摸口袋，也就打消了前去朝拜的念头。

在三人中，笔者更钦佩的是哈迪德与库哈斯。哈迪德是英国籍的犹太人，集智慧及胆略与一身，她早年在香港顶峰的方案竞赛中一举成名。但一个时期以来，她的设计方案往往是“评委肯定，业主否定”，尽管她的构思很好，但由于造价和一些技术难题，往往难于实现。这种情况，在她投入美国的设计后，由于受美国人实用主义的影响而有所改变，结果由于辛辛那提博物馆的设计而大红特红。在我国的国家美术馆方案竞赛中，笔者是最赞赏她的方案的，可惜未被主持单位认可，未能取胜。然而她在广州设计的歌剧院及其他一些项目，却得到接受并实施。

哈迪德的作品几乎散布在全世界。在这里要介绍一个不很为人所知的作品。许多政府建筑都力图表现稳定性及严肃型，但扎哈·哈迪德设计的比利时安特卫普市的港务大楼，却是在1922年建造的旧港务局的白色混凝土屋面上设置了一艘用玻璃及钢制成的船体。这种多面型玻璃结构就像一颗宝石。它成为安特卫普市作为欧洲主要珠宝市场的象征（图19-5）。这是哈迪德生平最后作品之一，她于2016年去世。

库哈斯在三人中比较侧重于理论，他特别重视建筑中“通道”的作用，在他的葡萄牙波尔图音乐厅等设计（图20-2）中有杰出表现。他反对摩天楼建筑，他的北京中央电视台总部大楼设计，就用一根竹竿折为三截的形象，说明“爬得再高，总要回到大地”（图20-6）。可惜他的观点没有被正确理解，反而遭到一些不公正的批评。笔者遗憾的是，有次张永和陪同他到敝舍来访，我恰好因事外出，失之交臂，以后也未能相遇。

盖里、哈迪德、库哈斯可以说是建筑从20世纪的“现代主义”向21世纪当代建筑转变时的开拓人物（“元老”）。他（她）们的特点一是个性化，二是不尊重既定的“规则”的约束。这两条，成了21世纪当代建筑师的普遍特征。所以可以说是当代建筑的第一梯队。

在老一辈的“明星建筑师”（被选作品有23例）之外，余下的4位主要是在二战以后崛起的“后起之秀”：赫尔佐格与德梅隆（“鸟巢”）、里布斯金、斯诺赫塔与卡拉特拉瓦，被选的作品有16例。二者相加共39例，占被选总数的一半弱。可以说，这11名建筑师及设计公司，是当今率领世界的潮流者。

我们前面介绍了21世纪开端的三位“元老”建筑师以及他（她）的代表作品。现在，他（她）们因年龄关系，将先后相继功成身退，离开或即将离开建筑舞台。

事实上，继他（她）们之后，已经出现了许多新生力量，在后面我们将介绍三位21世纪的“开路先锋”建筑师。

（二）开路先锋一：赫尔佐格与德梅隆

赫尔佐格与德梅隆的杰作“鸟巢”已为他们树立了牢靠的丰碑（本书第卅一节，例1）。笔者对北京的“鸟巢”是钦佩的，惊讶其建筑师竟能如此美妙地表现出当今世界的复杂和混乱之美。它的价值在于它使人们产生了信心，知道再复杂的事物，也能赋予人迎难而上的积极心理。后来笔者从弗兰姆普敦教授的一些评论中感觉到这两位瑞士建筑师的作品特色是总能在复杂的问题面前提出最清晰、自然和合理的解决方案。我们对当代建筑的期望，在他们的作品中除了“鸟巢”外还可以举出两个例子：

一个例子是德国汉堡的易北爱乐音乐厅（图30-1）。他们在德国汉堡设计的这座音乐厅令人叫绝。这是在一个已经拥挤不堪的城市中为公众开拓一个高档的文化产品的绝妙处理。《维基百科》中介绍“它以110米（360英尺）的高度成为城市最高的人文建筑。2100个座位的‘葡萄园风格’的玻璃音乐厅盘踞在一座过去的仓库顶上。它的一侧有一家旅馆，另一侧的结构在音乐厅之上可支撑45套公寓。音乐厅挤在这些人居设施之间，用‘蛋壳型’的、用石膏纤维隔音板像塞满了羽毛的枕头那样，将自己与周围其他部分的杂音有效地隔绝。”

图30-1　赫尔佐格与德·梅隆：汉堡易北爱乐音乐厅

另一个例子是西班牙马德里的CaixaForum文化中心（本书第卅一节，例5）。它位于马德里已经非常拥挤的文化区。新的文化中心不可能取得开阔的露天场地。它利用一所废旧的电站，把电站的位置用作新的文化中心的场地，保留了电站原有的红砖立面，相当于一个有顶盖的“广场”。“广场”占有旧电站的地面，有一入口，内有画廊、一个餐厅和一些办公管理房间。它下面的地下二层配置了一个311座的剧院/礼堂以及它的服务房间和停车场。它上面的七层供各种文化活动（包括一个书店、一些儿童教育用房以及可举行音乐会、讨论会、放电影等活动的场所及展览空间）及管理用房间。它的外墙是发锈的钢板，与地面层的红砖能很好搭配。它的隔壁是由法国园艺家设计的立体花园：绿墙。中心与绿墙有马德里的普拉多大街通过，城市的三大博物馆就在其周围，形成了一个大型文化区，建成以后“宛如一块磁铁，不仅吸引了大量的艺术爱好者，还吸引了所有居住在马德里的市民以及外来的参观者。除了丰富的文化活动，它的建筑本身已足够夺人眼球：厚重的体量犹如反重力般‘脱离’于地面，将大量参观者吸引进来”。

（三）开路先锋二：D.里布斯金

1946年生于波兰中部的里布斯金，父母是纳粹大屠杀的幸存者。1957年举家迁往以色列。1959年定居美国纽约。1990年创立里布斯金工作室。

他的建筑作品遍布世界各地，有柏林犹太博物馆、奥斯纳布吕克的努斯鲍姆美术馆、曼彻斯特帝国战争博物馆、丹佛艺术博物馆、多伦多皇家博物馆，进行中的博物馆兴建方案有旧金山当代犹太博物馆等。在瑞士、意大利、德国、英国都有文化及商业设计项目。引起我注意的有里布斯金的丹佛艺术博物馆（图30-2），它们似乎集中反映了当代建筑的某些特征。

“它由20个倾斜平板组成，没有一对是平行或相垂直的，用230000平方英尺的钛金属板覆盖。在室内，画廊的墙壁各不相同、倾斜而不对称……”他设计的博物馆被评论家有的赞扬、有的攻击。《纽约时报》的建筑评论家尼科拉·乌罗索夫说：“在一栋由斜墙和不对称房间组成的建筑物——纯粹从追求形式出发的扭曲几何——中，人们几乎不可能进行艺术的享受”。这或许是解构主义的典型。

墙要斜、表面要有波浪、房间不能对称……这是“当代”的风气，还只是“里氏风格”？

图30-2　里布斯金：丹佛艺术博物馆

（四）开路先锋三：S. 卡拉特拉瓦

圣地亚哥·卡拉特拉瓦1951年生于西班牙瓦伦西亚市，先后在瓦伦西亚理工大学建筑学院和瑞士联邦工业学院就读，并在苏黎世成立了自己的建筑师事务所。他的作品在解决工程问题的同时也塑造了形态特征，这就是自由曲线的流动、组织构成的形式及结构自身的逻辑。而运动贯穿了这样的结构形态，它不仅体现在整个结构构成上，也潜移默化于每个细节中（图30-3）。

图30-3　卡拉特拉瓦：西班牙瓦伦西亚艺术与科学城

“由于卡拉特拉瓦拥有建筑师和工程师的双重身份，他对结构和建筑美学之间的互动有着准绳的掌握。他认为美态能够由力学的工程设计表达出来，而大自然之中，林木虫鸟的形态美观，同时亦有着惊人的力学效率。所以，他常常以大自然作为他设计时启发灵感的源泉。”

2001年卡拉特拉瓦在美国的第一个作品建成，是威斯康星州密尔沃基美术馆扩建工程（本书第卅一节，例7）。此地原有一个旧馆，是在1957年由当地的建筑师事务所设计的，这一次卡拉特拉瓦加建的展厅名号不大，却造成了绝对喧宾夺主的局面。

以上这些都呼唤建筑师以更强烈的责任感、更精湛的技术手段、更深奥的文化素养来实现时代的使命。

我们可以预期，21世纪的建筑师将以更高超的成绩来实现自己的历史使命。

卅一　当代建筑实例

笔者将落成于21世纪初的“鸟巢”列于本实例的首位，因为它确实是当代建筑的一个“开端号角“。

例1　当代开端：中国北京，国家体育场（俗称“鸟巢”）

建成年份：2008年

建筑师：（瑞士）赫尔佐格&德梅隆+（中国）李兴刚

“2008年夏季北京举行的奥运会开启时落成的国家体育场被人们口传为‘鸟巢’，它成为全世界最有名的肖像建筑，拥有40亿观众……从1874年查理斯·加涅尔设计的巴黎歌剧院开张以来，人们还没有见到过如此豪迈的经策划的肖像建筑事件。通常这种纪念性建筑被视为一种‘全国性的营火集聚’。本体育场本来设计供全国人民聚在电视机旁观看的，人们通常把肖像建筑视为无意识的偶然事件，是由人民选择而不是作者有意识的企图。通常是如此，但这次却正相反。它是赫尔佐格与德梅隆高度有意识的产品，他们把它做成一个摇篮，要它成为当代中国的一个触目的肖像。就像库哈斯的中央电视台总部大楼一样，看来似乎是随意形成的，但却是有意识的产物。”（引自C.詹克斯《后现代主义的故事》）。

例2　元老作品：法国巴黎，路易威登创作基金会艺术中心

建成年份：2015年

建筑师：（美国）弗兰克·盖里

自1854年以来，路易威登（Louis Vuitlon）以品质卓越、杰出创意和精湛工艺成为世界时尚与艺术的象征。整整一个世纪过去了，印有“LV”标志这一LOGO的奢侈品，伴随着丰富而传奇的色彩和精炼的设计成为世界时尚之经典。

86岁高龄的先锋建筑师弗兰克·盖里设计的巴黎路易威登创作基金会艺术中心出现在巴黎城西的布洛涅森林中，这座建筑成为法国甚至全球当代艺术活动在巴黎的新据点。盖里使用大面积玻璃构造建筑中心，放眼望去，绿色的森林包裹住这栋顶尖的现代建筑，给人带来巨大的视觉冲击。

例3　元老作品：意大利罗马，MAXXI博物馆（21世纪国家艺术馆）

建成年份：2008年

建筑师：扎哈·哈迪德

MAXXI博物馆，官方称为21世纪国家艺术博物馆（National Museum of the XXI Century Arts），设有礼堂、图书馆、工作室、现场活动和商业活动空间。它是一座用钢铁和玻璃搭建的现代建筑，收藏意大利当代艺术作品。

扎哈曾表示，该博物馆“并不是一个容器，而是一个艺术品营地”。在这里走廊和天桥相互叠加和连接，创造出来一个具有生机的动感空间。博物馆光线可以通过屋顶特制的过滤系统进入室内，空间的连续性设计避开了大量的墙体划分和干扰，为建筑内的多样动线和临时展示提供了良好场所。进入博物馆的中庭，混凝土弧墙、悬浮的黑色楼梯和采纳自然光线的开敞天花板，这些该建筑的主要元素映入眼帘。借助这些元素，扎哈“力求创造出多视点和分散几何体的新型空间流动性，以此来象征现代生活的纷杂动感。”

博物馆积极地融入到了罗马城里，尽管新建筑位于罗马的郊区，并非古老的中心区，但所处地仍是一个中心地带。该区域成了过去几年公众关注城市更新的兴趣所在，更新的一个项目是伦佐.皮亚诺设计的大会堂。MAXXI是意大利境内的第一个国家级当代艺术博物馆。吸引带来公众和媒体的大量注意力，成为罗马市的一个中心点，成为其当代特质的一个恒久亮点。

例4　元老作品：葡萄牙波尔图音乐厅

建成年份：2005年

建筑师：（荷兰）雷姆·库哈斯（OMA设计所）

“19世纪的音乐厅都是长方形的‘皮鞋盒’，以保证良好的音响效果。到20世纪建筑师很多都力求打破这一传统，其结果使音响有所损失。本设计采用‘超现代’的外形和白色混凝土的墙体，外观新颖，但是内部仍采用传统的长而直的格局以取得良好的音响效果。此外，在音乐厅的两端采用瓦楞形的玻璃立面，使室内与外部城市有了沟通。由于这种格局安排，出现了一些‘多余’的空间，可用作咖啡间等零星用途。”（引自OMA的宣传资料）

例5　先锋作品：西班牙马德里，CaixaForun文化中心

建成年份：2018年

建筑师：（瑞士）赫尔佐格与德梅隆

CaixaForum文化中心位于马德里的优越位置。它面临普拉多大街，与植物园相对。该场地原有中央发电站和加油站两座不起眼的建筑。电力站有马德里工业时代的早期标志性砖墙立面，而加油站则完全是一座与场地不相称的功能建筑。在拆除加油站之后，普拉多大街与改建后的发电站（即现在的CaixaForum文化中心）之间形成了一个小型广场。发电站所占位置保留，成为新建筑的室内广场，它原有的砖墙被保留，使新添的建筑的厚重体量就像“反重力”般地“脱离”于地面。

例6 先锋作品：加拿大，皇家安大略博物馆扩建（水晶宫）

建成年份：2007年

建筑师：（美国）丹尼尔·里布斯金

皇家安大略博物馆（ROM）于1912年建成，新扩建部分由美国建筑师里布斯金设计，由5个“碎片”组成，被称为“迈克·李秦水晶宫”。

“水晶宫”由5座相互连结、自我支撑的棱形结构组成，整座建筑没有一个正角，倾斜的墙体塑造出独特的内部空间，十字形的连廊穿过位于中间的“精灵屋”（SpiritHouse），明亮的窗户为城市增添了奇特的景观。

墙是斜的，房间不是正交直角形的……这些建筑手法在里布斯金的其他建筑（帝国战争馆、丹佛博物馆）中均被采用，构成全新的空间概念。

例7　先锋作品：美国威斯康星州密尔沃基美术馆扩建工程

建成年份：2001年

建筑师：（西班牙）卡拉特拉瓦

密尔沃基艺术馆最早是E，萨利宁在20世纪早期设计的，2001年完成的扩建工程是卡拉特拉瓦到美国后承接的第一项设计。他机智地发现，这个艺术馆的成功既不可能从其展品，也不可能从城市现有的魅力取得，而必须设置一些额外的有巨大吸引力的设施。于是他说服地方政府进行额外的投资。他的设计包括三大项：一是扩建的展馆本身，这是一座低层的一般展览建筑；二是建一条供访客从城市通向展馆入口的长达75米的拉索引桥（其引人注目的是一根47度倾角、50米高的“中脊”（用十条拉索承担引桥的荷载）。三是以一张65米宽的鸟翅形的活动遮阳板，能通过油门操纵其张合（建筑师称之为“运动建筑学”）来控制馆内的室温和光线。后二项以其肖像功能大大增强了建筑的吸引力。《时代》杂志在2001年的设计评选榜上把它列为全国第一名。

例8　居住建筑：英国生态村贝丁顿村（BedZED）

建成年份：2012年

建筑师：（英国）比尔·邓斯特

作为主创设计建筑师的比尔·邓斯特，在这个试点项目中，使用各种可持续发展技术，试图把英式花园城市概念与密集都市空间结合起来，希望加强居住与工作之间的联系，有意将不同空间混合在一起。在不影响农业用地和自然保护区的前提下，造就舒适的现代化居住空间。“未来是有趣而令人期待的”，比尔·邓斯特说：“在贝丁顿村，我们尊重环境，但同时我们也能有一个经济、和睦轻松的生活”。

例9　居住建筑：冰岛奥胡斯冰山住宅小区

建成年份：2013年

建筑师：CEBRA+JDS+SeARCH + L.派亚德建筑事务所，等

冰山住宅区有208间公寓，位处奥胡斯市的废弃码头。总体规划集居住、商业与文化于一体，最终容纳7000名居民和12000个新工作场所。设计采用密排的建筑体块，由5座L型建筑组成，供不同收入层次的人混合居住。目标是利用和发挥海湾风景的视野优势和阳光条件，为废弃码头区升级改造创造开创性典范。建成后在国际地产展上荣获“2013年度最佳住宅项目”大奖。

例10　居住建筑：蒙彼利埃住宅竞赛“白树”住宅

竞赛举行年份：2013年

建筑师：（美国）M. 拉赫蒂，等与（日本）藤本壮介（Sou Fujimoto），等

2013年，蒙彼利埃（Montpelier）市议会决定举行一次住宅设计竞赛，要求与环境协调，并包括商店。美国参与者M.拉赫蒂等建议邀请日本建筑师藤本壮介（Sou Fujimoto）参与。所产生的方案是以建筑仿照树木。

这栋名为“白树”的住宅（White Tree）于2019年建成，和最初计划的一样，建筑有17层，大约10000平方米，包括住宅区、办公空间、画廊、餐厅和全景酒吧，带着地中海风格。而最大的特点是，非常不规划。

例11　教育建筑：瑞士洛桑联邦理工大学劳力士学习中心

建成年份：2010年

建筑师：（日本）SANAA建筑事务所

劳力士学习中心（Rolex learning center）是位于瑞士洛桑联邦理工学院内的公共图书馆，由日本建筑所SANAA负责设计。

劳力士学习中心于2010年落成。建筑长160米，宽120米，是由上下两面不规则混凝土构成的。建筑的外形呈波纹形状和流线型，其内部包含了多个椭圆形露天天台。四周全部装配大型落地窗，保证光线充足。

例12　文化建筑：埃及亚历山大图书馆新馆

建成年份：2002年

建筑师：（挪威）斯诺赫塔

埃及亚历山大图书新馆就坐落在两千多年前的原址上，面向地中海，背靠亚历山大大学。新馆设计图纸从45个国家的540多件作品中脱颖而出，其设计理念既包含了现代图书馆科学、实用、环保等思想，又结合了亚历山大这座城市独特的历史背景、地理风貌和人文环境。

新馆主体建筑包括一个造型独特的图书馆、球形天文馆和金字塔形会议中心。图书馆由一个钢架玻璃顶和半圆形墙体组成，借鉴了古代圆形港口的造型设计。玻璃顶的倾斜角度经过精确计算，可以更好地利用自然光，低碳环保。6300多平方米的花岗岩外墙上刻有全世界50多种古老文字，其中包括汉字和纳西族的东巴文。

例13　商业建筑 日本东京普拉达旗舰店

建成年份：2009年

建筑师：（瑞士）赫尔佐格与德梅隆

位于东京青山区的这座时尚建筑是意大利顶级奢华品牌Prada在全球的第二间旗舰店，这件作品以前卫创新的建筑和剔透的水晶外形表达了Prada缔造全新购物理念的愿望以及对时尚建筑的完美追求。

该建筑是一座由菱形框架和数百块玻璃构成的水晶般的玻璃塔，整个建筑就像一个大橱窗，完全可以穿透看到里面的产品。总面积3000平方米，玻璃的外表是在整体平板上，由向建筑外侧弯曲的凸板和向内侧弯曲的凹板组合而成。每块玻璃的重量因固定框架的位置和形状而异。由于表面凹凸不平，虽说是透明材料，却给人一种充满重量的感觉。在光影折射下，外部空间产生了一种近似突变的视觉效果，建筑的玻璃外表面上有雕刻效果，使得它本身的特点经常转变。凸的、凹的、平的玻璃经过各种组合，装饰在建筑物的玻璃外表面上。这些不同的几何体产生出许多小块的反射，这使得观察者能看到变化的图像，这些图像混合用Prada的商品、城市以及建筑体本身的影像合成。

例14　商业建筑：挪威水下餐厅

建成年份：2019年

建筑师：（挪威）斯诺赫塔

该项目位于挪威海岸线的最南端，这里是南北风暴交汇的地方。这里的海水繁衍着多种海洋物种，为该地区带来了丰富多样的自然生物。因此餐厅还是一座海洋生物研究中心。

建筑所在的林德斯内斯角以恶劣的天气条件闻名，但游客来到餐厅后，他们对户外难以琢磨的环境印象很快就消失了，而被带进了安静的环境。随着天花板表面从橡木变为纺织品，室内空间显得更加的柔和。

复杂的照明系统将全景窗户的反射率降到最低，并将餐厅外的海洋生物景观最大化。380盏LED灯安装在天花板上，用柔和的点状光照亮用餐区。光线可以很容易地进行调整，以适应建筑内外不同的光线条件。

水下面的结构在距现场20米的一艘船上建成，是一个混凝土管壳。窗户在下水之前安装。在淹没之后，建筑被拴在一个混凝土板上，锚定在海床下的基岩上。（引自：紫罗兰主人文，来源：archcollege）

例15　交通建筑：纽约世贸中心交通枢纽

建成年份：2016年

建筑师：（西班牙）S.卡拉特拉瓦

“世贸中心交通枢纽”（World Trade Center Transportation Hub）以翱翔的飞鸟为基本造型，连接纽约市11条地铁线路以及纽约至新泽西铁路，集换乘车站、购物中心和人行通道等多项功能为一体。整座建筑结构从外观上看去，就像一只洁白的和平鸽，张开双翅，正欲展翅飞翔。

例16　摩天楼建筑

美国纽约世贸中心1号楼，2014年，建筑师：（美国）丹尼尔·里布斯金

英国伦敦碎片大厦，2012年，建筑师：（意大利）R.皮亚诺

科威特阿尔哈姆拉塔楼，2011年，建筑师：（美国）SOM

中国上海中心大厦，2016年，建筑师：（美国）甘斯勒事务所+同济大学建筑设计研究院

结　语

美国维基百科全书中有“当代建筑（contemporary architecture）”这一条目，收集了近20年内建成的有代表性的84个建筑实例，从得选2例以上的10名建筑师和1家设计公司，我们可以看到：

（1）10名被选建筑师来自10个国家，这与20世纪的建筑大师集中在美、英、法、德的情况大不相同。他们所设计的39个实例分布在 18个国家。由此我们也可以看到，21世纪的建筑设计舞台已大大地国际化了。过去集中在纽约、芝加哥、伦敦的大型标志性建筑，现在开始出现在中东和中国等原来经济相对落后的地区。

（2）城市、社会、文化等因素在21世纪对建筑设计产生了越发重要的作用，城市的人口拥挤、土地匮乏、环境恶化……社会的阶级分化、贫富差距扩大……各民族文化的交融，等等，都给建筑设计提出了崭新的课题。

（3）科技的迅猛发展以及生态环境的迫切需要，给建筑设计既提供了优越条件，也提出了更高的要求。

21世纪已经过去将近五分之一的时间，到目前为止，我们还没有能够看到在建筑创作方面会有什么特别重大的突破，而是20世纪后期一些趋势的延续，可以概括为个性化（派别淡化）、高技术、高生态、非理性（奇异形态），人工智能的更多应用、城市更新（无人驾驶、高速运输、设备共享等）、居住文化的多样化和个性化……

本人体会：21世纪的建筑将是高技术、优功能、巧形式、富个性的，并且在高度发扬个性的统筹下，做到技术、功能与形式的有机结合。

参考文献

[1] 弗兰姆普敦. 现代建筑：一部批判的历史[M]. 张钦楠，等译. 4版. 北京：生活·读书·新知三联书店，2004.
[2] 布拉克. 赖特与凡德罗[M]. 张春旺，译. 台北：台隆书店，1983.
[3] 弗兰姆普敦. 20世纪世界建筑精品1000件[M]. 北京：生活·读书·新知三联书店，2020.
[4] 詹克斯. 后现代主义的故事[M]. 蒋春生，译. 北京：电子工业出版社，2017.

后记

我对建筑是“槛外人”，但又有极其浓厚的兴趣。我认为建筑既是社会生活的物质基础，又是人们精神生活不可缺少的粮仓。建筑学既是科学技术的一个重要分支， 又是艺术领域的重要宝库。在人类的创作活动中，它是创作理论和实践的一个不可缺少的重点。

我在正规学校中学的是土木工程，属于杨式德学长所说的“土里土气”“木头木脑”的类型，我的大脑中是没有艺术细胞的。但是正如食品一样，我觉得一个人得多少有一些建筑知识，并多少培育一些建筑欣赏的能力。

不管你是从事何类工作的，都要掌握一些阅读和欣赏文学艺术作品的能力，也最好能培育一些阅读和欣赏建筑作品的能力，生活才更有意义。因而，我学了也写了一些有关建筑理论和建筑创作的学习心得，现在自己已年过九十，我仍然想在辞别人世之前，把我学习建筑历史的体会写下来，供读者参考和批评。

我要写的是20世纪世界建筑史的学习体会，20世纪是人类文化史中重要的一页，世界各地建筑师在20世纪的创作，特别是被称为“现代建筑”的成果，是人类历史中最值得记载和赞赏的人间财富之一，这也是我在本书中所希望表达的。

在本书中，我将20世纪的建筑史称为“现代建筑的世纪”，分为三个部分：第一部分是早期现代主义（构成主义）的年代，第二部分是正规现代主义的年代，第三部分是后、近现代主义的年代，它们各有其时代特征和意义。

本书编写过程中，得到生活·读书·新知三联书店《20世纪世界建筑精品1000件》（10卷本）的编辑的很多帮助，特此感谢。本书可作为《20世纪世界建筑精品1000件》（10卷本）的辅助阅读，书中涉及案例均以“丛书x-yy”的形式标明卷号和项目编号，x为卷号，yy为项目编号。

我要特别感谢机械工业出版社， 迄今先后出版了我的拙作《特色取胜　建筑理论的探讨》（2005年）与《建筑三观　关于建筑的本体论、认识论、实践论》（2019年）二书， 我希望本书能与前两本一样，得到读者的支持和批评。

张钦楠

2021年12月